Dem Müller, dem's am Wasser fehlt

Müllerleben —
Das hat Gott gegeben.
Aber das Aufschütten in der Nacht,
Das hat der Teufel erdacht!

Eberhard Bohn

Dem Müller, dem's am Wasser fehlt

Mühlengeschichten
und Wissenswertes über Mühlen,
Korn, Mehl und Brot

2. Auflage – September 2016

© 2016 Eberhard Bohn

Illustration: Niklas Bohn

Gestaltung: Hartmut Bohn

Herstellung und Verlag: BoD – Books on Demand, Norderstedt

ISBN: 978-3-9783741241789

Inhalt

Die Aufteilung der Mühle und der Welt

Einem kretischen Märchen nacherzählt und in den Schwäbischen Wald übertragen.

Die Mühle ist alt, uralt ist sie.
Die Mühle ist so alt wie die Welt!
Und derjenige, der die Mühle besitzt,
Der ist auch der Besitzer der Welt.

Vor langer Zeit – es muss lange vor der Zeit gewesen sein, als hier die Kelten in den Tälern siedelten, und unseren Flüssen, der Rems, der Murr und dem Neckar und unseren Bächen, der Rot und dem Zainbach ihre Namen gaben – stritten sich der Herrgott und der Teufel – der Gottseibeiuns – darüber, wer nun eigentlich der Herr der Mühle – und somit der Welt – sein sollte.

Lange ging der Streit hin und her, bis es dem Herrgott zu lästig und zu dumm wurde. Er ritzte mit einem Quarzstein über der Türe, die in die Mühle führte, das Kreuzeszeichen in die Mauer, und damit war dem Teufel der Zugang zur Mühle verwehrt.

Der schlich jammernd und anklagend um die Mühle herum, und bettelte Gott an, ihm wenigstens einen kleinen Teil der Mühle wieder zurückzugeben. Und der Herrgott des Gejammers müde, ließ sich beschwatzen und ließ sich dazu herumkriegen, zu sagen: Gut! All das Korn, welches die Bauern zum Mahlen in die Mühle bringen, das beim Ausleeren in den Säcken zurück bleibt, soll dir gehören. Und all der Schrot und der Grieß und das Mehl, das in den

Ecken und Ritzen der Rohre und Kästen beim Mahlen kleben bleibt, sollen dein sein.

Dem Teufel war es recht so, und er trollte sich.

Und der Herrgott hatte wohl einen großen Fehler gemacht.

Der Teufel ging und stieg draußen, dort wo der Mühlbach aus dem Gebüsch herauskommt, auf einen Erlenbaum. Von dort aus konnte er gerade durchs Mühlfenster zum Mahlgang sehen und den Müller bei seiner Arbeit beobachten, und aufpassen, dass ihm der Müller immer all das, was ihm zustand, auch zukommen ließ.

Er war mit dem, was er erreicht hatte, wohl zufrieden. Nur der blaue Himmel, der sich im Mühlbach spiegelte, machte ihn unruhig, denn das erinnerte ihn immer wieder daran, dass er eben doch nicht der Herr der Mühle – und der Welt – war.

Seit damals müssen alle Mühlen, die neu gebaut werden, so gebaut werden, dass zwischen dem Erlenbaum, dem Mühlfenster und dem Mahlgang eine gerade Linie ist, damit der Teufel von seinem Platz im Erlenbaum jederzeit den Müller beobachten kann, und sehen kann, dass er ihn nicht übers Ohr haut.

Und seit damals hat der Müller die undankbare Aufgabe, zwischen dem Herrgott und dem Teufel, zwischen Gut und Böse, zu entscheiden.

Blick vom Erlenbaum durchs Fenster zum Mahlgang.
Meuschenmühle, ca. 1980.

Der Müllersfritz

Dr Müllersfritz em Erlagrond[1]
Isch manchmal übel dra.

Er schaffet fleißig, tuat sich om[2],
Ond mahlt au – wenn er ka.

Doch fehlt 's ehm halt am Wasser oft,
Ond 's Rad stoht tägweis[3] still.

Es dreht sich oft bloß halba rom,
Wie 's Wasser eba will.

Dem Müller, wo 's[4] am Wasser fehlt,
Fehlt 's meischtens au am Wei[5],

Ond wo sich 's Rad so langsam dreht,
Da ka koi Wohlschtand sei.

mündlich überliefert

---

[1] Erlengrund

[2] „tut sich um" – bemüht sich

[3] tagelang

[4] „wo 's" – schwäbisch: „dem es"

[5] Wein

Die Geschichte der Hundsberger Sägmühle

Die Geschichte der Hundsberger Sägmühle beginnt mit einem heftigen Streit:

> *Am 11. Juni 1729 wird Hans Wahlen und Georg Waibel zu Hundsberg wie auch Jacob Wahlen aufm Sixtenhof auf ihr untertänigstes Supplizieren[1] und Ansuchen, an ersagtem Hans Wahlens eigenem Seelein und das dahin geleit wordenen Eulenbächlein eine Sägmühle zu erbauen, von der hochgeborenen und gnädigster Herrschaft von Solms-Assenheim, gnädigst permittieret[2] und verwilliget.*

Der Hainlesmüller, Elias Bareiß, dessen Mühle unterhalb der genannten Hundsberger Sägmühle liegt, und die ebenfalls zum Besitz der Hochgräflichen Sontheimschen Herrschaft gehört, erhebt nun *„untertänigst"* dagegen Einspruch, und bittet, um guter Nachbarschaft willen, zu beschließen, bei diesem Sägmühlenbau bei der Stauung des Seeleins eine Obergrenze festzulegen, damit dem Hainlesmüller Elias Bareiß *„durch gänzliche Entwendung oder langwährige Aufhaltung und hohe Schwellung des Wassers kein sonderlicher Schaden zugefügt werden solle"*.

---

[1] Bitten lassen

[2] erlaubt

Actum, Gaildorf den 16. Sept. 1746

Erschiene vor allhiesiger Solms-Assenheimische Kanzlei abermalen Michel Waibel vor sich und namens Gottfried Wahl von Hundsberg und Jacob Wahlen vom Stixtenhof als sämliche Eigentümer der Sägmühle bei Hundsberg, und zeigte an, was maßen der Hainlesmüller Elias Bareiss sich abermalen unterstanden, auf diesherrschaftlichem Grund und Boden die Schutzbretter von dem Seelein, worinnen sie das Wasser zu erwähnter ihrer Sägmühle sammeln müßten, eigenmächtigerweis vor ungefähr 14 Tagen wegzunehmen und gar in die Heinlesmühle zu tragen, so dass solches Seelein bishere ganz trocken stände und sie Eigentümer ersagter Sägmühle, wovorn sie jedoch die Herrschaftl. pflichtgemäßen praestanda[1] geben müßten, und gebrauchen könnten. Und obwohl Er Anzeiger und die Mitteilung habe verschiedene mal und noch gestern ersagten Hainlesmüller gütlich erinnert hätten, die Schutzbretter ohne größere Weitläufigkeit wieder herauszugeben, damit sie die ihnen gnädigst concedierte Sägmühle ohne fernere Hindernis gebrauchen könnten, so hätten sie jedoch bei diesem hartnäckigen und gwalttätigen Mann nichts ausrichten können, sondern derselbe hätte sich vielmehr bedrohlich vernehmen lassen. Er fragte nach keinem Beamten nichts, sondern ginge gerade vor gnädigste Herrschaften, und wann ein oder zwei von Hundsberg kämen und wollten ihn bei seiner Tathandlung hindern, so wolle er sie sämtlich über den Haufen

---

[1] Pflichtleistung oder Abgabe

schlagen. Wann sie nun solchergestalt in dem Gebrauch der ihnen gnädigst verstatteten Sägmühle turbieret[1], aus ersagten Bareissen Tathandlungen und Drohungen auch besorglich ein größeres Unglück entstehen könnte; So wollte er für sich und namens seiner Consorten nachmal gebeten haben, sich ihrer rechtlich anzunehmen, damit sie bei dem Gebrauch ihrer Sägmühle nicht weiter turbieret, sondern ihnen vielmehr der bisherige Schaden und Unkosten wieder ersetzt werden möchte.

---

[1] gestört

Die Hummelgautsche

Von Säge- oder Schneide-Mühlen

Die Säge- oder Schneide-Mühlen, welche auch einiger Orten Bret-Mühlen genannt werden, sind ein sehr nutzbares Stück der Hauß-Wirthschafft, wo man nemlich viel haubares Gehölze in der Nähe haben kan, sonderlich wann große Städte und Märkte nicht weit entfernet, wo es gemeiniglich viel Tischler, Zimmerleute und dergleichen Handwerker giebet, welche Pfosten, Bretter und Latten zu ihrer Nothdurfft bedürffen.[1]

Die abgelegene Vaihinghöfer Sägmühle mit ihrem ausgefallenen, jedoch durchaus berechtigten Namen „Hummelgautsche"[2] hatte einen Sonderstatus. Sie war fast so etwas wie ein befriedeter Ort, an dem man auch einmal etwas anderes machen konnte, als das Übliche. Etwas, das vielleicht auch einmal gegen die Ehre eines rechten „Sägers" (Sägmüllers) ging, dass man etwas so machte, wie man es eigentlich nicht machte.

Die Hummelgautsche, so urteilte man abfällig, die war doch nicht voll zu nehmen, da gab es nicht einmal elektrisches Licht! Man erwartete nicht unbedingt, dass die Produkte aus dieser Mühle immer so hundertprozentig perfekt waren.

---

[1] Jacob Leupolds *Theatrum Machinarum Molarium* von 1735.

[2] Helmut Glock †, Welzheim. Tafel an der Hummelgautsche.

Man war zufrieden, wenn man überhaupt etwas davon bekam.

Es war auch ein Ort, an dem sich auch einmal etwas zwielichtige Gestalten für einige Zeit aufhalten konnten, ohne dass gleich die Polizei auftauchte.

Da war der Waldmattes, der in unregelmäßigen Abständen im damals zur Hummelgautsche gehörenden kleinen Häuschen, wohl mit Einwilligung vom Vaihingbauer Müller, nächtigte. Ein eiserner Ofen mit der Jahreszahl 1842 war im Häuschen aufgestellt, und Holz war immer genügend vorhanden. Hier konnte der Waldmattes im Winter ein paar Tage zubringen und sich aufwärmen, bevor er mit unbekanntem Ziel weiterzog. Wer er war, weiß heute keiner mehr zu sagen. Wer wusste es damals?[1]

Hier hat man mit einem Hochgang, einer Einblattsäge, Balken, Dielen und Bretter gesägt. Beim Hochgang ist in einem Rahmen, dem sogenannten Gatter, im Gegensatz zum Vollgatter nur ein Sägeblatt eingespannt. Das Gatter wird mit einer Stelze auf- und abwärts bewegt. Die Stelze ist im unteren Stockwerk auf einer Kurbel exzentrisch gelagert, und wenn sich diese, vom Wasserrad angetrieben, dreht, so kommt eben diese Auf- und Abwärtsbewegung, das „Gautschen" zustande.

Zwischen Wasserrad und Kurbelwelle ist ein Zahnrad- und Riemengetriebe eingefügt, das die Drehzahl des Wasserrades von fünf Umdrehungen in der Minute auf ungefähr 80 Umdrehungen bringt. Schneller durfte es wiederum auch nicht laufen, da gab es eine alte Vorschrift, damit nichts

---

[1] Erzählt von Gerhard Stettner, Hellershof, 2006.

„heiß lief", und die Sägmühle kein Feuer fing und abbrannte.[1]

Der Stamm, der zu Bretter oder Dielen gesägt werden soll, ist mit dem „Geißfuß" auf einen Wagen gespannt. Der Wagen bewegt sich mittels eines Vorschubs langsam vorwärts in das Sägeblatt hinein. Der Vorschub ist ähnlich wie eine Kirchturmuhr ohne Pendel. Ein wichtiges Teil ist die „Schärre", eine Klaue aus Metall, die das Zurücklaufen des Vorschubs verhindert, eine Rücklaufsperre.[2]

Es kann immer nur ein Brett geschnitten werden. Dann wird der Wagen wieder mit dem Stamm zurückgefahren. Der Stamm wird um die Brettstärke, die gesägt werden soll, verschoben, wieder festgespannt, und der nächste Schnitt kann beginnen. Schwierig war immer der letzte Schnitt, wenn nur noch ein Brett und eine Schwarte da waren. Da war es schwer, einen ordentlichen Halt zu bekommen. Die letzten zehn Zentimeter des Stammes können wegen der Halterung, dem Geißfuß, nicht gesägt werden, sie werden abgerissen oder abgespalten. Im Prinzip laufen die heutigen Vollgatter in den Sägemühlen noch genauso.[3]

Bis in die dreißiger Jahre des 20. Jahrhunderts wurde hier zum Antrieb ein Fluterrad[4] verwendet. Die Kurbel saß direkt auf der Wasserradwelle, und das Rädchen lief so schnell, dass das Wasser haushoch spritzte. Aber es war kein Getriebe notwendig.

---

[1] Nach Eberhard Bohn. Vorschrift nicht mehr auffindbar.

[2] Erzählt von Fritz Bareiß † von der Ebersbergmühle, 2006.

[3] An der Hummelgautsche heute noch zu sehen.

[4] Siehe nachfolgendes Kapitel.

Dadurch, dass das Rad der Hummelgautsche nur 94 cm Durchmesser hatte, lag die Wasserradwelle, mit der Kurbel darauf, viel tiefer als heute. Deshalb war die Stelze wesentlich länger, etwa 4,5 bis fünf Meter.

Das Fluter-, Flater-, oder Pfladerrad

Das Fluter-, Flater-, oder auch Pfladerrad wird in verschiedenen Triebwerksakten fälschlicherweise als Flatterrad bezeichnet. Flattern tun Vögel in der Luft, Gänse und Enten fladern schwäbisch auch *„pfladern"* im seichten Wasser.

Im Grimm'schen Wörterbuch kommt unter dem Begriff flattern (fladern flederen) das Zitat: „Das Flattern in der Luft gleicht dem Plätschern im Wasser". Ein weiteres Zitat: *„Der Knese flätert sein Platt wie eine Mühle"*.

Das heute noch teilweise eingesetzte „Waschel" im Allgäu und in den Alpen (z. B. in Gerstruben bei Oberstdorf) weist ebenfalls zum Wasser. Waschel und Pfladerrad sind sich sehr ähnlich und sind, bzw. waren, für den gleichen Zweck im Einsatz. Möglicherweise stammen beide Begriffe vom selben Stamm ab, aber das soll hier nicht untersucht werden.

Durch den „Schusskähner" – ein schwäbischer Ausdruck ist dafür nicht mehr bekannt – wurde das Wasser in einer zuerst flachen, dann nach einem Knick mit 60 bis 70 Grad steilen Rinne mit hoher Geschwindigkeit (drei Meter pro Sekunde) auf die Schaufeln im unteren Teil des Rädchens (unterschlächtig) gelenkt, und brachte dieses auf ca. 80 bis 100 Umdrehungen pro Minute.

Bei dieser Drehzahl war zum Antrieb eines Sägegatters keine Übersetzung notwendig. Da die Schaufeln – meist acht bis sechzehn Stück – radial gestellt waren, nahmen diese bei der hohen Geschwindigkeit viel Wasser mit nach oben, wie ein Ventilator ohne Gehäuse, und die Rädchen spritzten haushoch.

Nach dem Rädchen floss das Wasser im „Bäderich" – das war eine circa acht Meter lange Holzrinne – ab.

War kein Bäderich angebracht, spülte das Wasser unter dem Rad den Boden aus. Die ausgespülte Erde setzte sich kurz dahinter wieder ab, und es baute sich ein Damm auf und das Wasser konnte nicht mehr abfließen. Das Wasser staute sich unter das Rad und stellte es schließlich ab.

Der Wirkungsgrad des Fladerrädchens war sehr schlecht, und entsprechend schlecht war seine Leistung. Aber es war billig. Deshalb wurden die Räder, als sich andere Möglichkeiten boten, aufgegeben und meistens durch große Wasserräder ersetzt. Oder die Sägen wurden in den zwanziger Jahren des 20. Jahrhunderts aufgegeben.

Bei uns im Welzheimer Wald waren unter anderem in der Hummelgautsche, Heinlesmühle, Menzlesmühle, Ebersberger Mühle und Meuschenmühle solche Räder in Betrieb.

Pfladerrad

Pfladerrad an der Ebersbergmühle im Schwäbischen Wald, um 1920

Die Sägmühle am Glattenzainbach

Knappe zehn Jahre nach Ende des verheerenden Dreißigjährigen Krieges versuchte die Adelberger Verwaltung, welcher Kirchenkirnberg damals unterstellt war, wieder geordnete Verhältnisse zu schaffen und wenigstens ansatzweise eine funktionierende Wirtschaft aufzubauen.

Am „*Sibenzehenden Monatstag Decembri, Anno Sechzehenhundert, Fünffzig und Sechse*" bittet der Kirchenkirnberger Bauer Wilhelm Lauinger den „*durchleuchtig Hochgebohrene Fürst und Herr, Herr, Eberhardt zu Würtemberg und Töckh [...]* eine „*Neuen Seeg Mühlin erbauen zu dürfen und dafür usser Gnaden* (umsonst) *sechzig Bau Stämme zu erhalten*".

Als Gegenleistung verspricht er: „*alleinig aus der Herrschafft und des Closters angehörigen Waldungen [Bäume zu] nemmen, Vor Jeden Baum, Sechzehen Creuzer [zu] bezahlen und andersstwo nirgendt ainigen Baum erkauffen*".

„*Hochgedacht gnädiger Herrschafft mehrers nicht, als Ein Creuzer, vom Schnitt [zu] nemmen*". Außerdem wolle er jährlich einen Gulden Pacht ans Kloster zu zahlen.

Am 27t Februaary, Anno 1657 wird von Eberhardt, Herzog von Würtemberg, der Eingang des Gesuchs zum Bau einer neuen Seegmühl von Wilhelm Laubinger, bestädigt und auch genehmigt.

Anscheinend übernimmt noch im selben Jahr Hanns Weller „*die Seegmühle*" zu den von Lauinger ausgehandelten Bedingungen. Es wird noch drauf hingewiesen: „*Als wollen wir Ihnen in seinem Begehren... gnädig willfahrt haben, mit Befehld, fürauß alles das Jenige fleißig [zu] beobachten*".

Weiter wird in den Kirchenbüchern Kirchenkirnbergs von einer *„Christina, geb. 8.9.1782, Tochter des Joh. Georg Ackermann, Sägmüller allhie"* berichtet

1824 ist eine Sägmühle am „*Zahnbach*" erwähnt. Besitzer je ½ Friedrich Welz mit Ehefrau Dorothea, geb. Schönleber, später, 1833 Gottlob Welz und ½ Hugo Horn, Kronenwirt in Murrhardt. Außerdem sind in der Zeit noch Teilhaber: Michel Nibel von Vichberg[1], Friedrich Bohn von Kirchenkirnberg, und noch einige andere.

1843 kauft der Bauer Christian Schwarz zusammen mit einigen Genossen aus Kirchenkirnberg die Mühle, *„die sich in äußerst schlechtem Zustand befand"*. Sie wurde 1844 von ihnen ohne Genehmigung abgerissen und wieder neu aufgebaut. Dabei wurden auch, unerlaubter Weise, die Außenwände, nicht der allgemeinen Vorschrift entsprechend, ausgeführt. Darüber wird in den Mühlakten der Kirchenkirnberger Mahlmühle berichtet, und der Schriftwechsel zwischen dem Bauern Schwarz, dem Oberamt Welzheim und der Kreisbaubehörde des Jagstkreises in Ellwangen dargelegt. Die Akten der Sägmühle sind in den Akten der Kirnberger Mühle untergegangen, und wurden dort bisher nicht beachtet.

---

[1] Heute Fichtenberg

*An die
Königliche Kreis-Regierung
Bericht
Des Königlichen Oberamts Welzheim
Betreffend*

*Das Baugesuch des Christian Schwarz und
Genossen von Kirchenkirnberg*

Welzheim, den 7. Februar 1845

*Unter Rück Anschluß der Communicate mit
Weiteren Beilagen*

*In Gemäßheit hohen Erlaßes vom 17. Dez. v. J. hat
man das Gesuch des Christian Schwarz und Genossen von Kirchenkirnberg um nachträgliche Concession zu dem bereits geschehenen Wiederaufbau ihrer gemeinschaftlichen SeegMühle dem Oberamts
Mühlschauer Fischer dahier sowie dem K.-Forst-
amt Lorch zur Begutachtung mitgetheilt, und legt
nun die dißfalls eingekommenen Verhandlungen unter Wiederanschluß der Communicate vor. Hiernach
wird der SägMühlen-Bau weder in technischer noch
in privatrechtlicher und forstpolizeilicher Beziehung beanstandet.*

*Ehrerbietig
K. Oberamt
Baumann*

An

Die Königl. KreisRegierung
Bericht
Des Königlichen Oberamts Welzheim
Betreffend

Das Baugesuch des Bauern Christian Schwarz von
Kirchenkirnberg Und Genossen

Welzheim, den 9. Dezember [18]44 mit Beilagen

Aus Veranlassung der vorjährigen Visitation des Oberfeuerschauers kam zur Kenntnis des Oberamts, dass die Sägmühle im sogenannten Kirchenkirnberger Thäle, welche Eigenthum des Bauern Christian Schwarz von Kirchenkirnberg und Genossen ist, wieder neu aufgebaut und auf den Außenseiten mit Bretter vertäfert worden sei. Da dem Oberamt weder von einer dißfälligen Bau-Concession noch von einem Dispensations-Gesuch wegen der Bretterverkleidung etwas bekannt war, so wird dißfalls Untersuchung eingeleitet, bei welcher sich herausstellte, dass die Concession zum Wiederaufbau der Sägmühle unbefugter Weise vom Gemeinderath Kirchenkirnberg ertheilt, die Umfassungswände aber von den Baulustigen eigenmächtigerweise und gegen die vom Gemeinderath gegeben Vorschrift statt in Riegel ausgemauert, mit Bretter (ohne dahinter befindlichem Gemäuer) vertäfert worden sind. In ersterer Beziehung wurde dem Gemeinderath sein Verfahren belehrend verwiesen, der Bauer Schwarz dagegen Namens sämtlicher Theilhaber an

22

*der SeegMühle wegen der eigenmächtigen Vertäfe-
rung derselben in die gesetzliche Strafe verfällt,
ebenso die Verfehlung des hiebei thätig gewesenen
Zimmermann mit Strafe gerügt und weiter angeord-
net, dass nachträglich Bau Erlaubnis bei der zuständigen Behörde nachgesucht werde.*

*Dem gemäs hat Schwarz ein schriftliches Gesuch
nebst Zeichnung übergeben worin er um nach-träg-
liche Erlaubniß bittet seine mit noch Einigen Anderen gemeinschaftliche Seegmühle im Thäle auf der
alten Stelle ohne Feuerwerks Einrichtungen und
ohne Änderung vom Wasserwerk wieder neu aufbauen lassen oder vielmehr, die so ohne Bewilligung
der zuständigen Behörde wieder neu aufgebaute
Sägmühle belassen zu dürfen. Dieses Gesuch, nebst
sämtlich hieher bezüglicher Verhandlungen wird
nun, weil es sich um Wieder Aufbau eines isolirten
Gebäudes handelt, die Sägmühle ist vom nächsten
Ort Kirchenkirnberg ca ½ Stunde entfernt: unter Beziehung auf den Inhalt des – den Akten sub /1 beige-
schlossenen Augenscheins Protokoll-Auszugs mit
dem Anfügen zur höheren Entschließung an mit vor-
gelegt, dass ein Dispensations Gesuch wegen der
vertäferten Wandungen später abgesondert vorge-
legt werden.*

*Sich ehrerbietig
K. Oberamt*

Jaxt-Kreis 2206
Königliche Majestaet
Oberamt Welzheim
Kirchenkirnberg
Den 2. Dez. 1844

Christian Schwarz Bauer in Kirchenkirnberg und Genossen bitten untertänigst ihnen zu der in Kirchenkirnberg-Thäle an die Stelle einer alten Baufälligen – neu erbauten Sägmühle ohne Feuerung Einrichtung und der an derselben angebrachten Brettervertäferung nachträglich die Conceßion gnädigst zu ertheilen

Mit einem beamtlichen Beibericht.

Wir erkauften vor einigen Jahren die Sägmühle in Kirchenkirnberg -Thäle. Weil sich diesselbe aber in einem äußerst schlechten baulichen Zustande befand, entschlossen wir uns, solche ganz abzubrechen und an ihrer Stelle, jedoch in derselben Größe und mit derselben inneren Construction eine neue zu erbauen. Hiezu holten wir die Erlaubniß der Localbaubehörde, welche uns auf dem Grund, dass dieser das Recht zusteht auf berechtigten Bauplätzen die Concession zu einem neuen Bauwesen zu gestatten ertheilt wurde. Hierinn war nun aber mir wie jetzt durch das Königl. Oberamt Welzheim belehrt sind die Localbaubehörde im Irrthum. Indem ihr wohl das Recht zu Ertheilung der Bauconceßion auf berechtigten Bauplätzen für neue Gebäude nicht aber zu Wiedererichtung von Wasserwerken zusteht.

Überdieß begingen wir bei Ausführung dieses Bauwesens, ungeachtet uns von der Lokal Baubehörde

24

ausdrücklich angeschrieben worden war, die Riegelfach mit Steinen auszumauern, den Fehler, statt der Ausmauer der Riegelfache, die Außenseiten mit Bretter zu vertäfern.

*Für dieses Vergehen gegen die bestehende allgemeine und uns nach ausdrücklich ertheilter Vorschrift wurden wir aber von dem K. Oberamt Welzheim mit einer Strafe von 15 fl belegt und anbey angewiesen, nicht nur zu unserem Neubau überhaupt sondern namentlich auch zu der angebrachten Bretter Vertäferung die höchste Genehmigung einzuholen. Unseren Fehler erkennend fügen wir uns gern in die uns angesetzte Strafe, glauben dabey aber auf dieß für die unterthänigste Bitte: uns zu **erlauben** an die Stelle einer alten baufälligen und neu erbauten Sägmühle zu der und derselben angebrachten Brettervertäferung nachträglich die Concession gnädigst zu erteilen folgende näheren der Wahrheit getreuen Gründen sprechen dürften.*

Wir begannen den Abbruch der alten und Wiederaufbau der neuen Sägmühle erst nachdem wir die Erlaubnis der Localbaubehörde hiezu erhalten hatten.

Der Irrthum dieser Behörde hierinn wird daher unsere nunmehrigen unterthänigste Bitte, um so weniger im Wege stehen, als wir das neue Bauwesen ganz in derselben Größe und mit derselben inneren Construktion ausführten welche das alte hatte ja, dass wir sogar das neue in Rücksicht für den Nachbarhn 2' kürzer bauten, als das alte war.

Bei Anbringung der Brettervertäferung handelten wir zwar den gesetzlichen Bestimmungen und namentlich der uns von der Localbaubehörde ausdrücklich so ertheilten Vorschrift entgegen thaten dieß aber auch erst nachdem wir die festeste Überzeugung gewonnen hatten, dass sich das Gemäuer in den Riegelfachen bei der Erschütterung, welchen das ganze Bauwesen beim Gang des Sägmühle Werks erleidet unmöglich halten könnte und dass uns deßhalb eine alljährliche bedeutende Reperation an dem Riegelgemäuer geboten würde. In dem Vertrauen dass Euere Königl. Majestaet unter den oben angeführten Gründen gnädigste Nachsicht üben werden, wagen wir es, unsere untertänigste Bitte zu wiederholen: uns zu der an die Stelle einer alten baufälligen neu erbauten Sägmühle ohne FeuerungsEinrichtung die Bau-Concession so wie zur Belassung der an derselben angebrachten Bretter-Vertäferung die Genehmigung nachträglich gnädigst zu ertheilen.

In tiefster Erfurcht ersterbend
Euer Königl. Majestaet
Unterthänigster
Christian Schwarz
Und seiner Genossen Namens.

Wie lange dieser Christian Schwarz und seine Genossen die Sägmühle betrieben, ist nicht festzustellen. Wahrscheinlich hat dann der schon 1833 einmal erwähnte Hugo Horn oder dessen Sohn, Kronenwirt in Murrhardt, die Sägmühle ganz übernommen, und beantragt am 1. Juli 1877 beim Brandversicherungskataster: *„Eine Sägmühle am Zainbach theils aus Stein, theils a. Riegelwerk wegen Abbruch zu entkatasterisieren"*[1]. 1878 wurde der Nachweis des Vollzugs erbracht, und damit war diese Sägmühle verschwunden und auch bald vergessen. Das Gebäude wurde später zu Wohnungen ausgebaut und ist das heutige Haus in der Tälestraße 8.

Ungefähr 150 Meter oberhalb vom Täle, in südöstlicher Richtung, sind heute noch auf beiden Seiten des Glattenzainbaches die Reste eines Dammes zu finden. Auch Reste eines Sees sind noch sichtbar. Das Wiesenstück dort, in Richtung Kirchenkirnberg hat den Flurnamen „See". Ein Stück weiter bachabwärts, schon an den Häusern vom Täle gelegen sind noch die Reste eines Mühlkanals zu erkennen.

Quellen: HstA, „Kirchenkirnberg Lagerbücher"

---

[1] Im Grundbuch zu streichen

Ein Wasserrad wird gebaut

Allerlei Gedanken beim Bau eines Wasserrades

In seinem fantastischen Mühlenbuch „Krabat" beschreibt Otfried Preußler den Bau eines Wasserrades. Dabei geht es sehr aufregend, auch sehr geheimnisvoll zu, und als das Rad fertig gezimmert ist und der „Radhub" ansteht, spürt man geradezu, wie alle Beteiligten eine große Nervosität beschleicht: *„Alles muss stimmen, damit wir beim Radhub nicht zum Gespött werden"*.

Doch war es wirklich nur die Angst, sich zu blamieren, oder war da noch etwas ganz anderes?

Unsere Vorfahren, die Germanen glaubten, dass alte Eichen und Buchen, geheimnisvolle Schluchten, vor allem aber Quellen, Sturzbäche und Flüsse von niederen Gottheiten und Dämonen bewohnt waren, und man suchte diese Stellen auf und zollte ihnen Verehrung.

Und nun ging man beim Bau von Wassermühlen daran, das heilige, so vitale Element Wasser in Kanäle zu leiten, zu stauen, zu bändigen. Man fing an, Wasserräder zu bauen, und das Wasser wie einen Verbrecher „aufs Rad zu flechten".

Der Bach war versklavt, das Wasser geschändet! Musste man nicht mit der Rache des heiligen Elementes rechnen?

Und das Wasser begann sich zu rächen: Es gab ungewöhnliche Hochwasser, weil der Bach nicht mehr mäandern konnte. Es kam zu Unfällen in der Mühle. Es gab Mühlenbrände, vielleicht auch schon einmal eine Staubexplosion, Dinge, die bisher unbekannt waren.

Auch noch vor 150 Jahren war der Neubau eines Wasserrades für eine Mühle ein großes Ereignis. Das war damals *high technology* – und für die Leute, die nur ihre eigene Muskelkraft, vielleicht noch die Kraft ihrer Ochsen, als Maßstab hatten, musste die Kraft, welche solch ein Rad entwickelte, und die relativ hohen Drehzahlen am Ende der Räderübersetzung etwas Unheimliches, Übernatürliches an sich haben. Wahrscheinlich konnten die Leute, die vom Räderwerk erfasst und hineingezogen wurden und oft darin umkamen, nicht fassen, dass sie die Mühle nicht einfach anhalten konnten.

Mein Vater hat in den 1920er und 30er Jahren, aber auch noch nach dem 2. Weltkrieg ungefähr 80 Wasserräder gebaut. Da es in letzter Zeit große Mode geworden ist, alte Mühlen zu restaurieren, nahmen wir den alten Brauch wieder auf und haben in den vergangenen zehn Jahren einige Räder verschiedener Arten und Größen gebaut.

Ich möchte hier den Bau eines oberschlächtigen Zellenrades mit zwei Armreihen beschreiben. Dazu will ich möglichst alte, schwäbische Ausdrücke verwenden.

Material

Zuerst muss eine Eiche oder Lärche, welche wenigstens zwei Jahre gelagert war, mit einem entsprechenden Durchmesser gefunden werden. Für die beiden Felgen (Radkränze) wird der Baum in Bohlen um die 60 mm Stärke, je nach Raddurchmesser eingeschnitten. Für die Arme (Speichen) werden Balken, ungefähr 100 bis 120 mm, benötigt. Dieses Maß richtet sich nach der Größe der Taschen in den fast immer noch vorhandenen Rosetten. Für den Boden braucht man noch Bretter, 30 mm dick, und sofern die Schaufeln aus Holz sein sollen, weitere Bretter, 25 mm dick. Die Bohlen, Balken und Bretter werden noch einige Wochen an der Luft gestapelt, um etwas abzutrocknen. Ein zu trockenes Holz ist nicht erwünscht, da das Rad im Normalfall immer dem Wasser ausgesetzt ist.

Radstuhl und Radzirkel

In der Zwischenzeit wird der Radstuhl mit dem Königsstock als Mittelpunkt erstellt. Dies ist die „Werkbank", speziell angefertigt für jedes Wasserrad das gebaut wird. Er richtet sich nach dem Durchmesser des Rades und nach der Anzahl der Arme. Der Radzirkel wird gerichtet, dann wird am Radstuhl eine Holzlehre hergestellt, auf welcher alle Maße des Rades festgelegt und eingezeichnet werden: Außen-, Innen- und Knickkreisdurchmesser, Teilung, also die Schaufelzahl, die Schaufelform – immer die vierte Schaufel vor dem unteren Scheitelpunkt soll leergelaufen sein. Auch die Stellung der Schaufeln zu den Armen muss beachtet werden.

Die Felgen

Nach dieser Lehre werden die Felgenteile auf die Bohlen aufgerissen und ausgesägt. Es ist durchaus üblich, dass wenn die Bohlenbreite nicht ausreicht, Felgenteile angestiftet – also zusammengesetzt – werden. Die Verbindung geschieht mit Nut und Holzfedern sowie mit Holznägeln, da ja die Teile mit Holzbearbeitungswerkzeugen weiter bearbeitet werden müssen. Es ist nicht nötig, dass alle Felgenteile die gleiche Länge haben, man lässt schlechtes Holz „herausfallen". Die Teile werden auf beiden Seiten gehobelt und am Außenrand leicht konisch gefräst. Die Anzahl der Felgenteile entspricht immer der Anzahl der Arme.

Das Anlegen des Rades

Jetzt wird das Rad auf dem Radstuhl „angelegt". Zuerst werden die Felgenteile sauber zusammengefügt, mit dem Radzirkel genau ausgerichtet, und in der richtigen Stellung festgekeilt. Dafür sind am Radstuhl entsprechende Vorrichtungen angebracht. Die Rundlaufgenauigkeit, auch bei großem Raddurchmesser liegt bei ± 1 mm. An den Felgenstößen werden Verbindungspratzen aus Stahl eingelassen. Pratzen und Holz werden miteinander verbohrt und verschraubt. Dann werden die Maße aus der „Lehre" auf den ersten Felgenkranz übertragen.

Die Arme

Die Arme werden, nachdem sie gehobelt und mit einem Schwalbenschwanz versehen wurden, angelegt und das Schwalbenschwanzgegenteil in die Felgen gestemmt oder gefräst. Felgen und Arme werden ebenfalls miteinander verbohrt und verschraubt.

Wohl der empfindlichste Arbeitsgang ist das Übertragen der Rosettenmaße auf die Arme. Sind die Arme zu lang, klaffen die Felgen bei der Montage um das Fehlmaß mal dem Faktor π auseinander. Sind sie zu kurz, reiten die Felgenteile aufeinander.

Die Außenseite ist nun fertig. Alle Teile werden noch zusammengezeichnet (markiert). Dann wird die Felge zerlegt, umgedreht, die Innenseite angelegt, und die Schaufeln angerissen.

Die Schaufeln

Sind es Holzschaufeln, müssen dafür Nuten in die Felgen gestemmt werden. Dies ist mit der arbeitsaufwändigste Teil am Wasserrad. Jede Schaufel muss exakt sitzen, sonst ist nachher beim Laufen das ganze Rad in sich in Bewegung. Diese Bewegungen pflanzen sich fort, das Rad krächzt, und die Lebensdauer ist nicht sehr groß. Von Felge zu Felge muss an jeder Schaufel eine durchgehende Schraube gezogen werden.

Da die Wasserräder heute oft über längere Zeit stillstehen, trocknen alle Holzteile aus und verlechnen (schwinden). Deshalb werden meist Stahlblechschaufeln verwendet. Diese sind gekantet oder, wenn sie der Wasserströmung am Einlauf gut angepasst werden sollen, gerundet. Die Schaufeln werden mit den Felgen verbohrt und verschraubt. Die Schaufelbreite richtet sich nach der vorhandenen Wassermenge, die verschluckt (aufgenommen) werden muss. Die Schaufelzahl ist immer ein Mehrfaches der Armzahl.

Nun ist der eine Radkranz fertig und wird zerlegt. Genauso wird der zweite Kranz gefertigt, nur dass dabei alles spiegelbildlich ausgeführt werden muss.

Die Welle

Die Welle mit Lagern und Rosetten ist in den allermeisten Fällen noch vorhanden, doch fast immer muss die Lagerung in Ordnung gebracht werden. Der ursprünglich 200 mm starke Lagerzapfen beim Wasserrad der Bromberger Mühle war bis auf 90 mm ausgelaufen (Durchmesser der Stahlwelle: 240 mm). Ebenso war das Lager ca. 30 cm tief eingelaufen. Daher wurde vom Wellenzapfen die sehr unregelmäßig ausgelaufene Kontur abgenommen und eine Hülse mit einer entsprechenden Innenkontur gedreht. Die Hülse wurde in Längsrichtung aufgesägt über den ausgelaufenen Wellenzapfen gestülpt, aufgespannt und verschweißt. Das Lager wurde aus Grauguss hergestellt.

Früher waren die Lager meist aus Holz (Birnbaum, Pockholz) oder Katzenstein.

Des Öfteren sind Teile der Gussrosetten abgebrochen. Diese können meist mit entsprechenden Stahlmanschetten und Verschraubungen wieder hergerichtet werden.

Die Montage

Im „Krabat" wird das Rad auf dem Zimmerplatz fertig zusammengebaut, und dann ganz auf die Mühlwelle geschoben. Ob dies in Wirklichkeit überhaupt möglich ist, möchte ich bezweifeln.

Ab einer bestimmten Größe dürfte diese Art des Einbaus aber schon allein der Kosten wegen uninteressant sein. Wir jedenfalls zerlegen das fertige Rad zum Einbau noch einmal ganz.

Nachdem die Welle genau ausgerichtet ist, können die Arme eingesetzt werden. Der bei der Vormontage mit Nummer „I" bezeichnete Arm sitzt immer über der Keilnute des Wellbaumes. Die nächsten Nummern folgen in der Drehrichtung des Rades.

Sehr wichtig ist, dass die Arme richtig in der Rosette sitzen, also weder zu tief noch nicht tief genug, sonst stimmt die ganze Geometrie des Rades nicht mehr zusammen.

Die Felgen werden angeschraubt. Vor allem bei größeren Rädern muss immer darauf geachtet werden, dass das Ungleichgewicht unter Kontrolle gehalten wird, sonst beginnt sich das Rad zu drehen, bevor es fertig ist, was unter Umständen sehr unglücklich ausgehen kann. Sind die beiden Felgenkränze fertig verschraubt, werden die Schaufeln montiert. Bei einer Schaufelbreite ab ca. 80 cm werden alle Schaufeln mit einer Schraube untereinander verbunden, um ein Flattern der Schaufeln zu vermeiden.

Als nächstes werden die Radreifen aufgezogen. Wie schon eingangs erwähnt, sind die Felgen an der Außenseite leicht konisch gefräst. Darauf wird nun ein Bandeisenreifen getrieben, so wie die Reifen bei einem Holzfass. Damit die Reifen sich dem Konus anpassen, müssen sie „läuf geklopft" werden, d.h. das Bandeisen wird auf einer Seite geklopft, dass es in ausgerolltem Zustand einen leichten Bogen hat. Die Bandeisenbreite entspricht ungefähr der Felgenbreite.

Jetzt muss noch der Boden eingenagelt und der Boden und die Schaufeln miteinander verschraubt werden. Die Bodenbretter werden alle 3 cm versetzt mit den Felgen vernagelt. Damit die Zellen dicht sind, kommen zwischen Boden und Felgen und zwischen die einzelnen Bodenbretter überall Blechfedern.

Das Rad ist nun fertig.

Die Rinne

Auch bei der Einlaufrinne sind noch einige Dinge zu beachten:

- o Damit das Gewicht des Wassers ganz genützt wird, soll beim oberschlächtigen Rad der Wassereinlauf schon *vor* dem oberen Scheitelpunkt erfolgen.

- o Die Rinne muss ca. 20 cm schmäler als das Rad sein, damit beim Wassereinlauf die Luft aus den Schaufeln (Zellen) entweichen kann.

- o In der Rinne muss eine Aussparung mit Deckel sein. Bei Stillstehen des Rades wird der Deckel herausgenommen. Von diesem Punkt an muss die Rinne zum Rad hin leicht ansteigen. So kann kein Wasser ins Rad gelangen, und dieses unbeabsichtigt zum Anlaufen bringen, was sehr gefährlich sein kann.

„Durch zuverlässige Vorrichtungen ist dafür Sorge zu tragen, daß das abgestellte Wasserrad durch Anfüllen der Radzellen mit Tropfwasser nicht unvermutet wieder in Gang geraten kann“, steht in einer Genehmigungs-Urkunde für die Meuschenmühle vom 2. Mai 1913.

Nun kann das Rad in Betrieb genommen werden.

Aber eigenartig: Obwohl doch alles geplant und berechnet ist, kann man jedes Mal feststellen, dass alle Beteiligten eine gewisse Nervosität beschleicht.

Die Falle wird gezogen, das Wasser läuft ins Rad und füllt die erste Schaufel, oder Zelle. Dabei kann man sehen, wie viele Löcher der Mühlenbauer – oder wer es immer war – falsch gebohrt hat, denn das Wasser spritzt nach außen und zeigt unbarmherzig alle Fehler.

Die erste Schaufel läuft über in die nächste, usw., bis so viel Gewicht beisammen ist, dass das Rad plötzlich mit großer Beschleunigung anläuft. Da es sich im ersten Moment sehr schnell dreht, bekommen die nachfolgenden Schaufeln wenig Wasser ab. Deshalb wird das Rad wieder langsamer.

Es sieht fast so aus, als ob sich das Wasser noch einmal gegen die Vergewaltigung aufbäumen würde. Nach einigen Umdrehungen erfolgt dann eine gleichmäßige Befüllung, und damit eine gleichmäßige Drehzahl, begleitet vom Geplätscher, das vom Wassereinlauf in die Schaufeln und vom Entleeren der Schaufeln herrührt.

Lebensdauer

Die Stahlteile werden mit Korrosionsschutz beschichtet oder, noch besser, feuerverzinkt. Bei kalkhaltigem Wasser wie zum Beispiel am Rande der Schwäbischen Alb bekommen die Stahlteile im Laufe der Zeit einen Kalküberzug, so dass jede Behandlung unnötig ist. Bei Bächen, die viel Sand mit sich führen, werden die Schaufeln ausgespült und immer dünner. Ansonsten haben verzinkte Stahlteile eine fast unbegrenzte Lebensdauer.

Die Holzteile werden nicht behandelt. Ein Anstrich, welcher die Poren verschließen würde, ist kaum möglich. Imprägnierungsmittel, welche tief in die Holzporen eindringen, werden vom Wasser schnell wieder ausgeschwemmt, und wären aus Umweltschutzgründen heute sowieso nicht mehr erwünscht.

Manchmal wird einem hölzernen Wasserrad ein Alter bis zu 80 Jahren nachgesagt. Nach meinen Feststellungen wird ein eichenes Rad aber kaum 20 Jahre alt. Nach dieser Zeit ist das Holz so mürbe, dass das ganze Rad in sich zusammenfällt. Einige Jahre länger dürften Räder aus Lärchenholz halten. Vielleicht spielt dabei auch die Zusammensetzung des Wassers eine Rolle.

Zum Abschluss

Trotz aller Freude am Wasserrad: Seine Zeit ist vorbei. Das Kosten-Leistungsverhältnis passt nicht mehr in unsere Zeit. Weniger wegen der Kosten der Triebwerke selber, sondern es gibt keine Tagelöhner mehr, welche wochenlang im Mühlkanal stehen und diesen mit der Schaufel sauber halten, und auch mit modernen Maschinen ist einem Bach meist nicht gut beizukommen.

Man kann nur staunen, wie schnell das Wasser die alten Ordnungen wieder herstellt. 30 Jahre nach der Stilllegungsaktion sind viele Mühlkanäle, die über Jahrhunderte so notwendig waren, total verlandet, manchmal kaum mehr zu erkennen.

Alle Wasserräder, die wir in den letzten Jahren bauten[1], haben keine wirkliche Funktion mehr, und drehen sich nur noch zur Freude der Mühlenwanderer. Nur weil wir mit anderen Energien einen großen Wohlstand erreicht haben, können wir es uns leisten, solche alten Dinge wieder herzurichten und zu pflegen.

---

[1] Siehe auch die Dokumentation: *„Der letzte seines Standes - Eberhard Bohn Mühlenbauer"*, Film von von Rolf Failmezger auf:

http://vimeo.com/112251207

Eine Mühlengeschichte aus der Türkei

Wenn man sein Lebtag an alten Mühlen herumgeschraubt hat, dann weiß man recht gut, dass alle Dinge auf dieser Welt einmal kaputtgehen und ein Ende nehmen. Dass es einem selbst auch so geht, möchte man nicht so ohne weiteres wahr haben und verdrängt es so lange wie möglich, bis man eines schönen Morgens beim Aufstehen wollen feststellt, dass zu den tausend bisherigen Wehwehchen über Nacht ein weiteres dazugekommen ist. Man muss zum Doktor, vielleicht sogar ins Krankenhaus.

Mir ist es auch so ergangen! Ich musste nach Stuttgart, ins Karl-Olga Krankenhaus. Dieses liegt im Osten der Stadt. Dort in den Stadtteilen Wangen, Gaisburg und Gablenberg sind sehr viele Türken zu Hause, und deshalb gibt es im Karl-Olga Krankenhaus ebenfalls viele türkische Patienten. So kam es, dass ich ganz unversehens zu einem türkischen Zimmer- und Leidensgenossen gekommen bin.

Wir beschnupperten einander und stellten fest, dass wir beide ein oder auch zwei Wochen wohl ganz gut miteinander herum bringen konnten. Wir hatten viel Zeit und wussten einander vieles zu erzählen.

Eines Abends fragte ich Ismed ob er keine Geister- oder Mühlengeschichten aus seiner Heimat erzählen könne.

Doch, das konnte er! Und er erzählte eine Begebenheit, welche sich vor langer, langer Zeit in seinem Heimatdorf, das weit hinten im Osten der Türkei liegt, zugetragen haben soll:

Mehrere Bauern im Dorf betrieben gemeinsam eine Mühle. Eines schönen Tages war der Läuferstein soweit abgemahlen, dass er unbedingt durch einen neuen Stein ersetzt werden musste. Das Dorf lag am Fuße eines großen Berges, und es war bekannt, dass die oberste Schicht dieses Berges aus einem Gestein bestand, welches für Mühlsteine sehr gut geeignet war.

Man machte sich also eines Morgens mit dem nötigen Werkzeug auf den Weg, um sich einen neuen Mühlstein zu richten.

Es klappte alles vorzüglich. Es war ein guter Mahlstein geworden einschließlich Steinauge und Schluck. Alles war wohl gelungen. Nur die Aussparungen für die Steinhaue sollten noch an Ort und Stelle zugerichtet werden.

Nun aber stand man vor einem großen Problem: Wie sollte der Stein den Berg hinunter zur Mühle gebracht werden?

Weil absolut keine andere Lösung zu finden war, bot sich zuletzt einer aus der Runde an, den Stein hinunter zu tragen, wenn die andern ihm diesen über den Kopf stülpten.

Aber auch mit mehreren Versuchen schafften es die Männer nicht, den Stein soweit anzuheben, dass der Kollege den Kopf durchs Steinauge durchstecken konnte.

Da versuchten sie es anders herum, nahmen den Mann, und stülpten ihn kopfüber ins Steinauge und begannen nun, den Mann mitsamt dem Stein aufzurichten.

Fast hätte es geklappt, aber gerade als der Mann waagerecht zu liegen kam und der Stein senkrecht stand, entglitt ihnen die ganze Sache, und Stein mit Mann rollten holterdiepolter den Berg hinunter. Alle rannten hinterher.

Als man unten ankam, lag alles beisammen auf dem Platz direkt vor der Mühle, der Stein und der Mann. Wie sie nun aber den Mann aus dem Steinauge zogen, mussten sie feststellen, dass diesem der Kopf fehlte.

Wo war bloß der Kopf geblieben? Sie suchten alles ab, aber da war nirgendwo ein Kopf zu finden. Was nun?

Da fragte einer: „Ja, hat er denn, als wir oben waren, überhaupt einen Kopf gehabt?" Das konnte auch keiner mit letzter Sicherheit beantworten. So genau hatte niemand hingeguckt.

„Am besten, wir gehen und fragen seine Frau!", meinte da einer von ihnen. „Die müsste doch wissen, ob ihr Mann heute Morgen, als er von zu Hause weg ging, einen Kopf hatte."

Jedoch, das konnte die Frau auch nicht sagen. Eine Ehefrau hatte damals zu gehorchen, und guckte nicht einfach so in der Welt herum. Eines konnte sie aber sagen:

Beim Frühstück traute sie sich soweit aufzuschauen, dass sie den Bart ihres Mannes über dem Tisch sah, und der bewegte sich immer hin und her und hin und her. Ob der Kopf weiter oben auch mit dabei war, das hatte sie nicht gesehen!

Als wir am andern Morgen wach waren sagte Ismed zu mir: „Ich habe heute Nacht schlecht geschlafen! Ich musste immer wieder über die Dummheiten lachen, die wir uns gestern Abend erzählt haben."

Auf meine Frage, ob der Mühlstein trotzdem zum Einsatz kam, und ob der Kopf nicht doch noch gefunden wurde, konnte er mir aber keine Antwort geben.

Die Geschichte der deutschen Mühlen und Müller

Die Gottheiten unserer Vorfahren, die guten und bösen Geister der alten Germanen, hatten sehr direkt mit dem Wasser zu tun. Wasserfälle und Strudel waren nicht das *Zuhause* der Götter, es waren die Götter selbst, die man darin verehrte. Sie waren sehr lebendig, sie rauschten und gluckerten.

Und nun kamen ums Jahr 160 nach Chr. die Römer zu uns, und bauten den Limes, und hier in Welzheim zwei Kastelle, in denen sich zwischen 500 und 700 Soldaten aufhielten.

Es ist nachgewiesen, dass jeder Römer pro Tag 1000 g Getreide bekam. Das Getreide dazu kam aus umliegenden römischen Gutshöfen – *villae rusticae* – und musste gemahlen werden.

Familien oder kleine Gruppen schlossen sich zusammen, und betrieben gemeinsam eine Handmühle, und müllerten ihr Brotmehl.

Nun wurde aber in jüngster Zeit in ähnlichen Niederlassungen wie Welzheim, etwa in Zugmantel im Taunus sowie im Rheinland in der Gegend von Bonn, Eisenteile gefunden, die absolut sicher ein Mühleisen mit Steinhaue zeigen, und so groß sind, dass sie zu keiner Handmühle gehören können, sondern von einer Wassermühle stammen müssen, die in Rom zu jener Zeit längst Verwendung fand.

Es wäre eigenartig, wenn bei der Größe der Welzheimer Kastelle nicht – genauso wie in anderen römischen Niederlassungen in Germanien – die Wassermühle eingesetzt worden wäre.

Das sahen auch unsere Vorfahren, und lernten, wie man mit sehr viel weniger menschlichem Kraftaufwand als mit der Handmühle – der Querne – oder mit dem Mörser das Getreide zu Mehl machen konnte. Und sie fingen nun an, das vitale, das heilige Element Wasser – ihre Götter – zu vergewaltigen, es in Kanäle und Stauweiher zu bannen, zu bändigen, und zuletzt gar aufs Rad zu flechten, wie einen Verbrecher.

Um die Jahre 450 bis 500 werden in Deutschland die ersten Wassermühlen erwähnt. Sie wurden von den Herrschern, den Königen, gegründet, und waren Regalien – Königsrechte. Niemand anderes als der König hatte das Recht, eine Mühle zu bauen.

Mit der Zeit verwässerte das Recht, und es war nun auch Herzögen und Grafen – Gaugrafen – gestattet, eine Mühle bauen zu lassen. Aber die Mühlenrechte unterstanden immer noch grundsätzlich dem König.

Jetzt kam das Christentum zu uns. Seit der Christianisierung war man, vor allem in religiösen Fragen, nicht mehr so ganz einer Meinung.

Während die einen weiterhin im alten Denken und ihren alten Traditionen verblieben, lehnten diejenigen, die der neuen Lehre anhingen die alten Naturgötter radikal ab und übernahmen neue Techniken. Zwei völlig unterschiedliche Kulturen prallten gegeneinander. Das ist noch nie gut gegangen.

Und in vorderster Front standen die Müller.

Warum?

Mit einer Mühle gibt es immer Ärger: Einmal schimpfen die Bauern, dann fehlt 's am Wasser, und dann ist die Mühle kaputt.

So waren dem Adel mit der Zeit die Mühlen überdrüssig, und – meistens vor dem bevorstehenden Tod – machten diese Herren aus ihrer Mühle eine Stiftung an die Kirche, an die Klöster. Man schlug damit zwei Fliegen mit einer Klappe: Man hatte die lästige Mühle los, und gleichzeitig war der Zugang zum Himmel gewährleistet. Unter anderem daher kommen die vielen Klostermühlen.

Nun waren die Klöster vielfach die Herren der Mühlen. Zum Mahlen wurden geschickte Mönche als Müller eingesetzt. Aber sie waren nur Mahlknechte. An der Mühle selbst hatten sie kein Recht. Aus ihnen entwickelte sich der Stand des Müllers.

Diese Mönche/Müller wurden in der Regel alle paar Jahre ausgewechselt. Sie zogen weiter zu einer anderen Mühle, und es entstand eine stetige Rotation zwischen Mühlen und Müllern. Daher kommt wahrscheinlich der oft erwähnte Wandertrieb der Müller.

Dass diese Leute kein besonders großes Interesse am Zustand ihrer Mühle hatten, ist verständlich. Die Mühlen waren im Mittelalter folglich oft in schlechtem Zustand.

Können Sie sich vorstellen, dass sich diese Leute von ihren behäbigen, selbstgefälligen, dickwanstigen, überaus bequemen Pfaffen immer gängeln ließen? Wenn ich damals Müller gewesen wäre, ich hätte meinem Herrn das Laufen gelehrt, und hätte ab und zu eine erkleckliche Menge Leinsamen gemahlen und das Leinmehl dem Brotmehl beigemischt...

Müller waren und sind schon immer Schlitzohren! Aber sie wurden sehr oft auch dazu gezwungen!

Es war die Zeit der Bannmühlen. Die Bauern waren Leibeigene und waren gezwungen, ihr Korn in die Mühle ihres Herrn zum Mahlen zu bringen, auch wenn die Herrschaft noch so hohe Zinsen verlangte, und der Müller ein noch so schlechtes Mehl zusammenmüllerte und sie übers Ohr haute.

Was diese Müller damals überhaupt nicht konnten, war das Vererben an ihre Nachkommen.

Mit der Zeit kamen die Klosterherren doch darauf, dass, wenn sie denselben Müller auf ihrer Mühle behielten, und ihm sogar in Aussicht stellten, dass sein Sohn einmal die Mühlenarbeiten – nicht die Mühle – beerben konnte, die Mühle besser gepflegt wurde. So wurde aus dem einfachen Lehen das Erblehen.

Weil aber im Gegensatz zu Schneidern, Schustern oder Schmieden, die ja die Besitzer ihres Handwerksbetriebs waren, die Müller eben nicht die Besitzer der Mühle waren, die sie betrieben, konnten sie keine Müllerzünfte gründen. Sie waren nicht zunftfähig, sie waren „unzünftig", und unzünftig wurde damals mit unehrlich – der Ausdruck hatte noch eine ganz andere Bedeutung – gleichgestellt. Dieses „unehrlich" hatte also überhaupt nichts mit Betrügereien zu tun. Die gab es trotzdem.

Die Mühle war im Mittelalter, wie die Kirche, ein befriedeter Ort. In der Mühle durfte kein Übeltäter gefangen genommen werden. Übertrat ein Verbrecher die Schwelle der Kirche oder der Mühle, hatte er zuerst einmal Asyl und war gerettet. Die Büttel und Schergen durften ihm in diese geweihten, heiligen Räume nicht folgen.

Das Eindringen in die Mühle wäre vor dem Gesetz als Schändung und Entweihung geahndet worden.

In der Mühle sprach der „unehrliche" Müller, nicht der Abt, der der Besitzer der Mühle war, als Vogt im Namen des Königs oder des Kaisers Recht.

Erst nach der Säkularisierung, das heißt nach Napoleon und der Revolution nach 1812, konnten die Müller die Mühle erwerben, und waren nun die Besitzer.

Jetzt hätte ja alles ganz wunderbar sein können. Aber dann erfand man die Dampfmaschine, und jeder Müller machte seine Mühle immer besser, und vor allem leistungsfähiger. Natürlich mit Hilfe des Mühlenbauers. Und fortan machten sich die Müller untereinander das Leben schwer.

Ein rücksichtsloser Konkurrenzkampf begann, und brachte sehr vielen Müllern den Ruin. Das Mühlensterben nahm seinen Lauf. Nach meiner Information, lieferten im Jahr 2011 in Deutschland 16 Mühlen 3/4 des ganzen Bedarfs an Mehl.

Eugen Bareiß, der Ebersbergmüller, meinte dazu: „Bevor es nicht eine Maschine gibt, die selbständig durch die Wiese fährt, und aus der hinten Butter und Kuhdreck herauskommt, ist die Technik – und unsere Welt – nicht perfekt."

Korn – Mehl – Brot

Bei meinen vielen Mühlenführungen im Laufe von über 30 Jahren hatte ich oft den Eindruck, dass die Leute, auch die Mühlenfreunde und Mühlenfans, sich sehr wohl mit der alten Technik, oft bis in letzte Detail, befassen und auskennen, aber dabei ganz vergessen, dass so eine Mühle – hier speziell die Getreidemühle – nicht um ihrer selbst willen da ist, sondern eine Funktion hatte und hat; nämlich Korn zu Mehl zu mahlen.

Darüber, was es mit dem Korn, dem Mahlen, dem Mehl und dem Brot backen für eine Bewandtnis hat, machen sich die Wenigsten große Gedanken.

Dass durchaus großes Interesse dafür besteht, zeigt ein Brief an den Veranstalter einer solchen Mühlenführung:

„Lieber Herr Professor Krautter,

für den Mühlenabend muss ich Ihnen noch mal herzlichen Dank sagen. Es war ein unglaubliches Erlebnis, wie sich die scheinbar so einfache Welt der Getreidekörner und dazugehörenden Mühlen beim näheren Kennenlernen immer vielfältiger und interessanter wurde. Selbst wenn Herr Bohn noch eine Stunde länger berichtet hätte, wäre es niemandem langweilig geworden.“

Vielleicht hatte man vor gar nicht so langer Zeit ein innigeres Verhältnis zum täglichen Brot, zu unserer Nahrung überhaupt. Dieses Verhältnis geht mit den schnellen und einfachen Fertiggerichten und den fertigen

Backmischungen immer mehr verloren. Man liest vor der Zubereitung schnell die auf den Dose aufgeklebten Kochanweisungen: Wie viele Kalorien sind enthalten, wie viel Wasser muss beigegeben werden, wie lange ist die Koch-, beziehungsweise die Backzeit?

Wer bedenkt noch, wie viel Zeit und Geduld nötig und was für eine große Kunst es war, bis aus einer Hand voll Körner ein Stück Brot wurde?

Das Korn

Zuerst das **Weizenkorn**: Hier unterscheidet man weiche und harte Weichweizensorten. Dazu kommt noch der Hartweizen, der Durumweizen.

Bricht man ein Körnlein auf, dann ist beim **Weichweizen** der Mehlkern weiß, weich und mehlig.

Meistens sind es **Winterweizen**. In Deutschland werden solche zu ungefähr 90% angebaut.

Sie werden im Herbst ausgesät und sind im Frühjahr schon ein Pflänzchen, wenn der Sommerweizen noch ein Körnchen und noch gar nicht im Boden ist. Das heißt: Winterweizen haben eine längere Vegetationszeit und können dadurch mehr Stärke ausbilden.

Sie sind meist kleberarm, also eiweißarm, haben nur ca. 25% Kleberanteil, manchmal wesentlich weniger. Der Kleberanteil ist sehr vom Wetter und vor allem von der Düngung abhängig. Es gibt aber auch kleberreiche Weichweizensorten.

Winterweizen bringen einen höheren Ertrag an Körnern und Stroh als Sommerweizen.

Dieser Weizen ergibt auch das billig gehandelte Getreide, aus welchem die Lebensmittelketten das kostengünstige Mehl auf den Markt bringen. Es hat eine schnelle, aber geringe Wasseraufnahme, was sich vor allem bei der Herstellung von Hefeteigen zeigt.

Mit diesem kleberarmen Mehl lassen sich die „Einstunden-Brötchen" herstellen, das heißt: Vom Mehl bis zum fertig gebackenen Brötchen dauert es nur eine Stunde.

Für die schwäbische Hausfrau: Aus Weichweizenmehl gibt es einen weichen Spätzlesteig und somit auch weiche, „kätschige" Spätzle. Dies ist aber vor allem ein Stärkeproblem und hat weniger mit dem Kleber zu tun. Mit Eiern, also Eiweiß, und durch Zugabe von **Dunst** (grobkörniges Mehl) werden die Spätzle bissfester, *al dente*, wie die Italiener sagen.

Beim **harten Weichweizen** zeigt sich der Mehlkern des aufgebrochenen Korns hart und glasig.

Meistens sind es **Sommerweizen** und werden erst im Frühjahr ausgesät.

Das heißt: Der Sommerweizen hat eine kurze Vegetationszeit, und zum anfänglich ausgebildeten Kleber kann nur wenig zusätzliche Stärke gebildet werden. Deshalb ist Sommerweizen kleberreicher, das heißt eiweißreicher: Der Kleberanteil beträgt ca. 25% bis 28%; auch 30% bis zu 35%. Also viel Eiweiß oder Protein. Und: Je mehr Kleber, desto teurer der Weizen.

Dazu gehören auch die berühmten kanadischen Manitobaweizen I, II, III. Sie sind das Maß aller Dinge.

Kleberreiches Mehl nimmt mehr Wasser auf, ergibt damit eine höhere Teigausbeute und gleicht dadurch den Preis zum kleberarmen, billigen Mehl wieder etwas aus.

Der Teig braucht längere Zeit zum Aufgehen und Backen. Also keine „Einstunden-Brötchen"! Das Aroma des Brotes und der Brötchen ist besser, kräftiger; es hat mehr „Lebendigkeit", so sagen Müller und Bäcker dazu.

Hartweizen. Übliche Bezeichnungen für diese Weizenart sind Hartgrießweizen, Durumweizen; auch die amerikanische Bezeichnung „Amber Durum" ist gebräuchlich. Diese Weizenart gehört zur Emmerreihe und hat eine andere Chromosomenzahl als der übliche Weizen. Der Mehlkern ist glasig, hart.

Er kommt aus dem Mittelmeerraum, aus Syrien und Italien, und hat viel und sehr starken Kleber. Dieser ist so stabil, dass die Mehle daraus zum Backen nicht geeignet sind. Der Teig aus diesem Mehl kann nicht aufgehen, die sich bildende Kohlensäure ist zu schwach, um Bläschen zu bilden.

Man sagt er hat schlechte Backeigenschaften, eine schlechte Backfähigkeit.

Die Mehle aus diesem Weizen werden sehr grob, griffig gemahlen, es sind Dunste und sind ideal für Makkaroni, Spaghetti und Nudeln, die ohne Zusatz von Eiern hergestellt werden.

Dinkel ist eine Weizenart mit einigen Besonderheiten. Zuerst: Es ist eine europäische Getreideart, welche nicht aus Asien oder aus dem Orient zu uns gekommen ist. Er wurde in früherer Zeit in rauen Gegenden wie der Schwäbischen Alb als Kleberlieferant angebaut, weil es keine Weizensorten mit wesentlichem Kleberanteil gab. Diese gibt es jedoch heute.

Lange Zeit wurde Dinkel fast nicht mehr angebaut. Der Grund: Der Ertrag gegenüber dem normalen Weizen ist sehr gering. Beim Weizen werden heute 100 Doppelzentner (dz) pro Hektar gerechnet, beim Dinkel nur 30 dz pro Hektar. Dies ist auch mit einem wesentlich höheren Preis nicht auszugleichen.

Beim Dinkel ist jedes Getreidekorn mit einem stabilen Spelz ummantelt. Da heraus muss das Körnchen im Gerbgang herausgerieben, „gegerbt" werden. Es ist ein Mahlgang mit weichen Sandsteinen, die weit auseinander gestellt, „geführt" sind und nicht mahlen, sondern nur reiben.

Daran anschließend wird mit Sieben und Luft das Korn von der Spreu getrennt.

Nebenbei: Beim Atomreaktorunglück in Tschernobyl war die Strahlenbelastung im südlichen Württemberg, zwischen Ulm und dem Bodensee, sehr hoch. Die Dinkelkörner jedoch waren im Spelz geschützt und dadurch nur ganz wenig belastet.

Dinkel hat andere Substanzen, vor allem andere Eiweiße als der Weizen, und löst kaum Allergien aus. Der Mehlkern ist mehlig-weiß.

Hören wir, was Hildegard von Bingen dazu sagt:

„Dinkel ist das beste Getreidekorn, es wirkt wärmend und fettend, ist hochwertig und gelinder als alle anderen Getreidekörner. Wer Dinkel isst, bildet gutes Fleisch. Dinkel führt zu einem rechten Blut, gibt ein aufgelockertes Gemüt und die Gabe des Frohsinns. Wie immer zubereitet ihr Dinkel esst – so oder so – als Brot oder als eine andere Speise gekocht, Dinkel ist mit einem Wort: Gut und leicht verdaulich."

Grünkern ist eine besondere Form des Dinkels. Es ist Dinkel, der in der Milchreife[1] geerntet und dann gedarrt wird. Grünkern wird grob geschrotet, also nicht zu Mehl gemahlen und wird für Suppen verwendet.

Sein Anbaugebiet ist hauptsächlich Süddeutschland, und dort vor allem in der Gegend um Tauberbischhofsheim.

Ernten – Reinigen – Trocknen – Lagern – Netzen – Mahlen

Ernte, Lagerung. Der heute übliche Weg vom Acker zur Mühle, beziehungsweise zum Silo ist wie folgt:

Das gut ausgereifte Getreide wird mit Mähdreschern geerntet, dort vorgereinigt und in der Regel vom Bauern zur Mühle oder zum Silo gefahren. Es wird dort in die Einschüttgosse gekippt und mit einem Elevator nach oben, zum höchsten Punkt des Silos, befördert. Von hier läuft es von selbst über eine automatische Waage und über den Silo-Aspirateur nach unten.

Dieser Vorgang wird als Vorreinigung bezeichnet.

Inzwischen wurde der Feuchtigkeitsgehalt der jeweiligen Partie festgestellt. Liegt er bei 14% oder darunter, kann das Getreide in Silos eingelagert werden. Liegt der Wassergehalt über 14%, muss das Korn mit Warmluft getrocknet werden, sonst fängt es an, sich zu erwärmen, zu gären, zu keimen, auszuwachsen, und verdirbt. Korn ist ein sehr lebendiges Gut!

---

[1] Die Körner sind noch sehr weich, weil ihr Inneres von einer weißen, süßen Flüssigkeit gefüllt ist.

Das heraus getrocknete Wassergewicht wird dem Bauern abgezogen. Bei 18% Feuchtigkeit sind es immerhin vier Kilogramm pro 100 kg. Da früher nur mit des Müllers Hand die Feuchtigkeit festgestellt werden konnte, kann man sich vorstellen, dass es zwischen Müller und Bauer deswegen oft zu herzhaften Streitereien gekommen ist.

Der Getreidestock im Silo kann noch kalt belüftet und auf eine Temperatur von zehn Grad Celsius gebracht werden. Dann fallen alle darin enthaltenen Lebewesen – z. B. Bakterien, Kornkäfer oder Pilze – in die Winterstarre und stellen ihre Weiterentwicklung ein. Da Korn ein schlechter Wärmeleiter ist, bleibt die Temperatur lange erhalten. Jetzt ist das Korn für Jahrzehnte lagerfähig.

Die Mühlenreinigung. Nun kann das Korn je nach Bedarf aus den Silozellen zum Mahlen entnommen werden.

Zuerst muss es gründlich gereinigt werden. Bei der Annahme während der Ernte fehlt die Zeit, um dies optimal durchzuführen. Hier wird mit einer Leistung von Elevator und Siloaspirateur von 20, 60, ja bis zu 120 Tonnen in der Stunde gefahren. Dabei rutschen so manche Teile mit durch, die beim Mahlen in den Maschinen und beim Mehl großen Schaden anrichten können.

In der sogenannten **Schwarzreinigung** wird zunächst aller Fremdbesatz entfernt. Dies geschieht mit Hilfe von Sieben und einem Luftstrom im Mühlenaspirateur. Durch großmaschige Siebe, das „Schrollensieb", fällt alles durch; nur Stroh, Ähren, Steine, und eventuell Metallteile werden ausgeschieden. Durch feinmaschige Siebe fällt alles, was kleiner ist als Getreidekörner, hauptsächlich Sand und kleinkörnige Sämereien.

Man trennt nach unterschiedlichem Gewicht im Luftstrom. Leichte Teile werden abgezogen. Hier spielt auch der cw-Wert eine Rolle. Man trennt nach unterschiedlicher Kornform im Trieur. Hier wird die Kornrade und der Wickensamen entfernt. Mit Magneten werden Eisenteile herausgelesen. Mit Steinauslesern kann nach der Elastizität und mit Farbauslesern nach der Farbe getrennt werden.

Jetzt sind es noch die Bruchkörner, die Schmachtkörner, die Auswuchskörner, die von Schädlingen angefressenen Körner, das Fremdgetreide, z.B. Haferkörner im Weizen, Mutterkorn und Brand, dann noch Mäuse- und Rattenkot, welche nicht hinein gehören und unbedingt entfernt werden müssen. Sonst gibt es kein gutes Mehl.

Der Müller bzw. der Mühlenbauer muss sich also noch manches einfallen lassen, bis ein einwandfreies Produkt, auch in hygienischer Hinsicht, zum Mahlen geeignet ist.

In der **Weißreinigung** wird mit der Schälmaschine die äußerste Schale des Korns entfernt und mit der Bürstmaschine der Abrieb, vor allem auch der Schmutz aus dem Kornspalt, entfernt.

Das Netzen. Will man schönes, helles, Mehl ermüllern, muss noch „genetzt" werden. Dieses Netzen war für die Bauern oft ein großes Ärgernis.

Der Müller schüttet Wasser ins Korn, damit er mehr Gewicht erzielt. Er betrügt! So war die gängige Meinung.

Aber das Netzen hat einen anderen Grund: Das Getreide kann nur mit einem Feuchtigkeitsgrad von 14% und weniger eingelagert werden. Dabei ist die Schale so spröde, dass sie beim Mahlen genau so fein zerkleinert wird wie das Mehl aus dem Mehlkern. Dieses Mehl-Schale-Gemisch kann mit Sieben nicht voneinander getrennt werden, es bleiben viele Schalenanteile im Mehl zurück. Das ergibt dunkles Mehl.

Wird das Korn auf 16,5% genetzt und zwölf bis 24 Stunden in Abstehbehältern gelagert, nimmt die Schale das Wasser auf, wird elastisch, zäh. Weil sie wasserundurchlässig ist, dringt keine Feuchtigkeit in den Mehlkern. Nur über den Keimling kann Wasser in den Mehlkern eindringen, was aber sehr langsam von statten geht.

Wegen der Feuchtigkeit dehnen sich Schale und Mehlkern unterschiedlich aus und lösen sich zum Teil voneinander.

Während das Mehl aus dem Mehlkern beim Mahlen zu feinem Pulver zerbröselt, bilden die feuchten zähen Schalen relativ großflächige Plättchen und diese können mit Sieben leicht vom Mehl getrennt werden.

Das Mahlen und Sichten. Ein Getreidekorn besteht, vereinfacht betrachtet, aus der Schale außen und dem Mehlkern im Innern; und dem Keimling.

Schale und Mehlkern sind fest miteinander verwachsen. Diese exakt voneinander zu trennen ist das Problem des Müllers.

Die Schale ohne Mehlanteil wird Kleie genannt. Sie ist heutzutage fast wertlos. Der Müller versucht deshalb, das letzte Stäubchen Mehl aus der Schale heraus zu mahlen. Das ist bares Geld!

Dies geschieht, indem das Korn ganz allmählich zerkleinert wird, früher mit Mahlsteinen, heute mit geriffelten Hartguss-Metallwalzen im sogenannten Walzenstuhl. Jeweils ein Walzenpaar läuft mit unterschiedlicher Drehzahl gegen einander und zerschneidet das Korn, es zerdrückt es nicht. So wie das Produkt immer feiner wird, wird auch die Riffelung im nachfolgenden Walzenstuhl, immer feiner.

Heute sind in der Weizenmüllerei 14 bis 16 Walzenpaare, Durchgänge, oder in der Fachsprache „Passagen" üblich. Diese Differenzierung ist mit Mahlsteinen nicht möglich.

Nach jedem Mahldurchgang muss gesiebt, „gesichtet" werden.

Das Mahlgut wird unter den Walzenstühlen pneumatisch, das heißt mit Saugluft, abgezogen und durch dünne Röhren (30/40/50 mm Durchmesser) ins obere Stockwerk geblasen, in Zyklonabscheidern von der Luft getrennt, den Plansichtern zugeführt.

Plansichter sind Hochleistungssiebmaschinen, mehrfach unterteilt. Bei 15 Walzenpaaren sind es ebenfalls 15 Abteile. Jedes Abteil besteht aus vielen übereinander gestapelten Sieben.

Das gemahlene Produkt wird im Plansichter so geführt, dass durch Siebe mit unterschiedlichen Maschenweiten in Mehl, Dunst, Grieß und Schrot getrennt werden kann.

Das Mehl ist fertig, der Dunst und der Grieß werden Walzenpaaren ohne Riffelung, sogenannten „Glattwalzen", zugeführt, wo die Dunst- bzw. Grießkörnchen zu Mehl zerquetscht werden. Die zähen Schalenteilchen bleiben weitgehend erhalten und können abgesiebt werden. Wird Grieß und Dunst verlangt, kann solcher hier abgezogen werden.

Hier wird auch der fetthaltige Keimling ausgeschieden.

Der Schrot wird auf „Feinriffelwalzen" weiter „ausgemahlen".

Bei jedem Mahldurchgang verändert sich das Produkt, entsprechend muss die Bespannung in den Plansichterabteilen ausgelegt werden.

Die pneumatische Saugförderung hat noch einen angenehmen Nebeneffekt: Alle Maschinen stehen im Unterdruck, es fällt beim Öffnen einer Klappe kein Mehl heraus, und die feuchtwarme Luft, die beim Mahlen entsteht wird abgezogen. Alle Maschinen sind belüftet, „aspiriert", so der Fachausdruck. Die Abluft wird durch Filter geführt und tritt absolut staubfrei ins Freie.

Verschiedene Hilfsmaschinen, wie Grießputzmaschinen, Detacheure, Kleieschleudern usw. sollen hier nicht weiter erklärt werden.

Die Mahlerzeugnisse

Die Körnung, der Feinheitsgrad des Produkts:

Das ganze Korn wird für Vollkornbrot verwendet. Lediglich die äußerste Schicht der Schale wird entfernt. Es wird hauptsächlich aus Roggen hergestellt.

Da zu wenig Kleber vorhanden ist, und die Körner zu grob sind, kann Vollkornbrot nicht gebacken werden. Es wird gedämpft oder gekocht.

Vollkornschrot: Ebenso für Vollkornbrot. Hier wird das Korn geschrotet, grob gemahlen. Es enthält ebenfalls alle Teile des Korns, einschließlich Teile des Keimlings.

Der Keimling ist fetthaltig, und da Fett schnell ranzig wird, werden das Mehl und das daraus hergestellte Gebäck bald ungenießbar. Daher gilt: Von der Mühle gleich in den Backtrog und auf den Tisch!

Dies ist auch das Problem bei der Hausmüllerei, da ist es kaum möglich den Keimling zu entfernen.

Grieß: Grobkörnig, daher langsame Wasseraufnahme. Für Teigwaren. Wird aber in der Regel auf Glattwalzen feiner, zu Mehl gemahlen, oder „aufgelöst".

Dunst: Für Teigwaren, Nudeln, Spätzle, Böhmische Knödel. Ebenfalls langsame Wasseraufnahme.

Mehl, griffig, „doppelgriffig": Der Ausdruck stammt aus Ungarn und entspricht ungefähr dem Dunst. Da relativ grob, geringe Oberfläche, langsame Wasseraufnahme.

Glattes Mehl: Sehr fein gemahlenes Mehl. Große Oberfläche, deshalb schnelle Wasseraufnahme. Für Hefezöpfe, Biscuits, Süßbackwaren.

Die Mehltypen

Wird das Mehl unter Luftabschluss verbrannt – „verascht", sagt der Müller, bleibt ein bestimmter Prozentsatz Asche übrig, wie bei einem Holzfeuer. Die Asche, das sind Mineralstoffe, welche in der Schale mehr vorhanden sind als im Mehlkern.

Beim hellsten, teuersten Weißmehl sind das im Durchschnitt 0,405 %. Die „0" und das Komma werden weggelassen, also: **Type 405.**

Beim Weitermahlen lässt es sich nicht vermeiden, dass immer mehr Schalenanteile dazukommen und somit die Asche – also der Mineralienanteil – steigt, und das Mehl dunkler wird.

Typ 550 gehört noch zu den Weißmehlen.

Type 630 und **Type 812** sind helle Brotmehle.

Type 1050 ist dunkles Brotmehl.

Type 1600 ist dunkles Mehl, ergibt schwachen Teig, bleibt nicht stehen, und fällt nach Aufgehen in sich zusammen. Es ist kein Backmehl. Je dunkler das Mehl, desto weicher der Kleber.

Type 1700 ist Backschrot. Im Gegensatz zum Vollkornschrot sind hier wenig Schalenteile und fast kein Keimling dabei.

Type 2500 ist wertlose Kleie.

Der Feinheitsgrad des Produkts hat bei der Veraschung auf die Mehltype keinen Einfluss.

Fassen wir noch einmal zusammen: Was ist Mehl? In einem alten Brockhaus- Lexikon von 1839 steht:

> *Mehl wird vorzugsweise das durch Mahlen auf der Mühle zu einem feinen, weißen Staube zerkleinerte Getreide genannt, welches von Hülsen und Kleien durch Siebvorrichtungen von sehr feinem Drahtgeflecht oder von wollenem, eigens zu diesem Zwecke bereitetem Beuteltuche, gesäubert worden ist.*

Wichtige Begriffe

Einige Begriffe, die immer wieder auftreten, sollen noch erklärt werden:

Der Keimling: Ist das Fortpflanzungsorgan des Kornes. Er ist fetthaltig und wird im Mehl und im Brot schnell ranzig und damit ungenießbar. Er konnte in der Steinmüllerei nicht entfernt werden, daher war früher das Mehl nicht lange haltbar.

Aus den Keimlingen wird in der Ölmühle das Weizenkeimöl gepresst.

Das Einkorn: Seit 6700 v. Chr. bekannt. Damit die älteste domestizierte Getreideart. Eine Abart wurde auch bei Ötzi gefunden. Es ist sehr anspruchslos im Anbau und sehr widerstandsfähig gegen Schädlinge, Wurzelfäule und Mutterkorn.

Emmer, auch **Zweikorn:** Die Emmer-Reihe hat eine andere Chromosomenzahl als das Einkorn. Zu ihr gehört die Hartweizenreihe. Es wird heute wieder mehr angebaut. Verwendet wird es für Vollkornbackwaren und Bier.

Roggen: Benötigt kein so warmes Klima wie Weizen. Roggen ist anfällig für Mutterkorn. Zum Brotbacken muss dem Roggenmehl bis zu 80% Weizenmehl zugefügt werden. Roggenbrot hat weniger Luftblasen als Weizenbrot.

Gerste, Mais: Da kein Kleber vorhanden, kann damit kein Brot gebacken werden, höchstens Fladenbrote. Zu kleberreichem Weizenmehl kann Mehl aus Gerste oder Mais hinzugefügt werden.

Hafer, Hirse, Buchweizen, Reis: Da sie keinen Kleber besitzen, gehören sie nicht zum Brotgetreide. Sie werden in der Schälmüllerei geschält und eventuell gequetscht, etwa zu Haferflocken.

Das Mutterkorn: Ein Pilz, der vor allem auf dem Roggenkorn vorkommt und sehr giftig ist.

Das Brotbacken

In Kürze und sehr vereinfacht dargestellt kann das Brotbacken in die **Teigbereitung**, die **Gärung** und den **Backprozess** aufgeteilt werden.

Das Mehl besteht im Wesentlichen aus einem Gemisch aus Stärke und Eiweiß oder Kleber (siehe: Winter- und Sommerweizen). Bei der Teigbereitung werden dem Mehl Wasser und Gärungsmittel – Hefe oder Sauerteig – beigemischt. Das Wasser wird vom Kleber gebunden. Die Stärke verändert sich dabei nicht. Aus Stärke und Wasser lässt sich kein Teig herstellen.

Der Kleber quillt, und die Gärungsstoffe (Enzyme) verwandeln den im Teig vorhandenen Zucker in Alkohol und Kohlendioxyd. Durch die Entwicklung der Gärgase bilden sich Bläschen – der Teig wird gelockert, „geht auf".

Jetzt muss der Bäcker den aufgegangenen Teig in den Ofen schieben.

Beim Backen gerinnt das Eiweiß und gibt dabei Wasser ab. Dieses wird von der Stärke aufgenommen. Dabei verkleistert die Stärke. Das geronnene Eiweiß/Kleber und die verkleisterte Stärke bilden ein Gerüst: Die Porung des Gebäcks, und dieses, lange genug gebacken, gibt das Brot, „a Weckle" oder eine Schrippe.

Nehmen wir zum Schluss Wilhelm Busch. Er sieht die ganze Sache mehr mit Humor:

Das Brot

Er saß beim Frühstück äußerst grämlich,
Da sprach ein Krümchen Brot vernehmlich:
»Aha, so ist es mit dem Orden
Für diesmal wieder nichts geworden.
Ja, Freund, wer seinen Blick erweitert
Und schaut nach hinten und nach vorn,
Der preist den Kummer, denn er läutert.
Ich selber war ein Weizenkorn.

Mit vielen, die mir anverwandt,
Lag ich im rauhen Ackerland.
Bedrückt von einem Erdenkloß,
Macht' ich mich mutig strebend los.
Gleich kam ein alter Has gehupft
Und hat mich an der Nas gezupft.
Und als es Winter ward, verfror,
Was peinlich ist, mein linkes Ohr.
Und als ich reif mit meiner Sippe,
O weh, da hat mit seiner Hippe
Der Hans uns rutschweg abgesäbelt
Und zum Ersticken festgeknebelt
Und auf die Tenne fortgeschafft,
Wo ihrer vier mit voller Kraft
In regelrechtem Flegeltakte
Uns klopften, daß die Schwarte knackte.
Ein Esel trug uns nach der Mühle.
Ich sage dir, das sind Gefühle,
Wenn man, zerrieben und gedrillt
Zum allerfeinsten Staubgebild,
Sich kaum besinnt und fast vergißt,
Ob Sonntag oder Montag ist.
Und schließlich schob der Bäckermeister,
Nachdem wir erst als zäher Kleister
In seinem Troge baß gehudelt,
Vermengt, geknetet und vernudelt,
Uns in des Ofens höchste Glut.
Jetzt sind wir Brot. Ist das nicht gut?
Frischauf, du hast genug, mein Lieber,
Greif zu und schneide nicht zu knapp,
Und streiche tüchtig Butter drüber,
Und gib den andern auch was ab!«

Wilhelm Busch

Mühlenordnungen

Auszüge aus den Mühl- und Müllerordnungen aus den „Churfürstlichen Sächsischen Feststellungen aus dem 16. Jahrhundert

Deren Verbrechen so die Müller bey ihrem Ambte begehen können, sind so viele und so unterschiedlich, daß sie kaum alle zu erzehlen sind. Wir wollen uns also hier an einigen begnügen lassen.

Es verbrechen nach diesem die Müller:

- o *Wenn sie aus Begierde Gewinst zu haben, die schuldige Ordnung in Mahlung des Getreydes nicht in acht nehmen. Denn das Getreyde muß in der Ordnung, wie es gebracht worden, auch gemahlen werden.*
- o *Wenn sie etwas falsches bey Erbauung der Mühle begehen.*
- o *Wenn sie die, so mahlen lassen, auf einige Weise bevor-theilen.*
- o *Wenn sie nicht genau Acht haben, daß ihre Mühl-Knappen ihrer Pflicht und Schuldigkeit nachleben.*
- o *Wenn sie sich an dem gesetzten Mahl-Lohne nicht begnügen lassen.*
- o *Wenn sie die Mühl-Maschine, auf geführte Klage der Mahl-Gäste, nicht verbessern.*
- o *Wenn sie ohne die geringste Notwendigkeit denen benachbarten Mühlen zum Schaden das Wasser stopfen.*
- o *Wenn sie denen anderen Mühlen die Mahl-Gäste abspänstig machen.*

- o Wenn sie sich des von der Obrigkeit gestempelten Scheffels in Messung des Getreydes nicht bedienen.
- o Und wenn sie ohne tringende Noth an Fest-Tagen mahlen.

Aus einer Mühl-und Müllerordnung von Herzog Eberhard Ludwig zu Württemberg

Es solle auch keinem Müller neben dem Gerb-Rohr und Staub-Häußlen erlaubt seyn, ein heimliches und gedoppeltes Rohr, oder noch ein Staub-Häuslen heimlich zu richten, als wordurch denen Kunden heimlicher Weise Abtrag geschiehet, bey Straf zwanzig Gulden.

Wann der Müller einem Kunden Schier ausgemahlen hat, solle er zuvor, ehe und dann er einem anderen aufschüttet, dreymalig ziemlich stark an die Zargen und Beutel-Kästen schlagen, auf dass nichts darinnen bleibe, und jedem das Seinige werden möge, bey Straf dreysig Kreutzer.

Die Mühlen sollen sauber und reinlich gehalten und die Auskehr und Säuberung der Boden und des Biehts des Tags wenigstens einmal geschehen, auch der Müller keine Spinnenweben in der Mühle aufkommen lassen, bey Straf eines Guldens, oder wenn der Unfleiß sich gar zu sehr äusserte, einer kleinen Frevel.

Ein Unglück kommt selten allein

Eine Schweizer Müllergeschichte

So ein Kornsack ist etwas Widerspenstiges! Einen Kornsack mit der Schaufel zu füllen, wenn man alleine ist, geht beinahe gar nicht, und wenn man jemanden hat, der den Sack aufhält, ist die Öffnung oben so schmal, dass man oft daneben trifft.

Das Ausleeren geht nicht viel besser: Wirft man den Sack um, entleert sich der obere Teil, das meiste Korn bleib aber unten drin und nun muss der Teil an den Zipfeln gefasst und hochgehoben werden, und das ist nicht leicht!

Vor diesem Problem stand ein Schweizer Müller immer und immer wieder. Jedes Jahr bei der Ernte musste er sein Korn in Säcke fassen, auf den Dachboden seines Hauses bringen, dort ausschütten, damit das Korn unter dem heißen Dach trocknete und eingelagert werden konnte. Das war schon bei seinem Vater so, und bei seinem Großvater auch.

Dieser Großvater war ein patenter Mann gewesen, und hatte am oberen Dachfenster einen Ausleger anbringen lassen. An diesem Ausleger war eine Seilrolle montiert, über welche bei Bedarf ein Seil gelegt wurde. Am Seil wiederum war ein Haken befestigt, und unten am Boden war an entsprechender Stelle eine stabile Öse in der Hauswand eingemauert.

Haken und Öse waren so aufeinander abgestimmt, dass wenn der Haken in der Öse war, der Getreidesack gerade in die obere Türöffnung gezogen werden konnte.

So weit so gut.

Aber das mit den Säcken, das Befüllen und Entleeren, passte dem jetzigen Müller gar nicht. Das war so umständlich. Deshalb zimmerte er sich eine Holzkiste, und befestigte diese an Stelle der unpraktischen Maltersäcke am Seil.

Wenn die Bauern mit dem lose verladenem Korn auf ihren Fahrzeugen ankamen wurde dieses vom Wagen gleich in die Kiste geschaufelt. Es klappte wunderbar! Auch das Entleeren oben auf dem Dachboden war jetzt wesentlich leichter als zuvor.

Nun aber benötigte er von dem eingelagerte Korn, um es zu Mahlen. Er zog seine Kiste nach oben und füllte sie randvoll. Dann ging er nach unten und zog den Haken aus der Öse.

Eines hatte der gute Müller aber nicht bedacht: Die volle Kiste war um einiges schwerer als er selbst. Als er spürte, wie das Seil nach oben gezogen wurde, klammerte er sich, hartnäckig wie er nun einmal war, am Seil fest, und wurde auch gleich von der schwer beladenen Kiste auf der anderen Seite nach oben gezogen.

Genau in der Mitte des Gebäudes begegneten sich Kiste und Müller sehr unsanft. Die Hose wurde bei dieser Begegnung ein langes Stück aufgerissen, und darunter sein Bein genauso.

Doch die Fahrt ging in unvermindertem Tempo weiter.

Oben angekommen, stieß der Müller zuerst einmal kräftig mit dem Kopf gegen den Ausleger. Fast gleichzeitig geriet er mit dem Daumen zwischen Rolle und Seil, und die Rolle zerquetsche ihm diesen.

Aber auch unten tat sich etwas: Der Aufschlag der Kiste auf dem Erdboden war so kräftig, dass der Kistenboden wegbrach und die Kiste sich entleerte.

Das aber hieß nun: Jetzt war die Kiste leichter als der Müller, und im Saus ging dieser jetzt den umgekehrten Weg nach unten.

In der Mitte des Gebäudes kam es erneut zu einer sehr unsanften Begegnung. Die Verletzungen waren dieses Mal nur auf der anderen Seite des Müllers, etwas weiter unten.

Wieder unten angekommen platzte der Müller in den weit auseinander gestreuten Getreidehaufen. Dieser hätte ja den Aufprall etwas gedämpft, aber der Kistenboden war vom Müller nicht ganz fachgerecht mit sehr vielen langen Nägel aufgenagelt worden, und so kam er jetzt in ein richtiges Nagelbrett zu sitzen.

Vor Schmerzen ließ er das Seil los, hatte dabei aber wieder etwas nicht bedacht: Jetzt kam die leere Kiste, ohne Boden, jedoch fast im freien Fall herunter gesaust, und schlug ihm auf den Kopf...

Er erwachte im Krankenhaus. Und nun ist er eben dabei, den Unglücksfall für die Schweizer Unfallversicherungsanstalt aufzuzeichnen …

Mühlen- und Müllersprüche

Alle Müller sind Lumpen,
Aber nicht alle Lumpen sind Müller!

৪৩

Hab' Sonne im Herzen
Und Leinöl im Bauch,
Dann hast du keine Schmerzen,
Und Luft hast du auch!

৪৩

Herr, gib all denen, die mich kennen,
Zehn mal mehr, als sie mir gönnen.

৪৩

Müllerleben hat Gott gegeben,
Aber das Aufschütten in der Nacht,
Das hat der Teufel erdacht.

Kaum legst du sie nieder
Die müden Glieder,
Da schellt es schon wieder.

Und das dann so fünf oder sechsmal die Nacht,
Dass da die Müllerei wenig Freude macht.
Hast du das schon bedacht?

Der jammernde Müller vom Schwäbischen Wald

Han e Wasser, no han e koi Koara.
Han e Koara, no han e koi Wasser.
Ond han e Wasser ond Koara,
No isch d' Mihle he![1]

Österreichischer Müllergesellenspruch

Ein fahrender Bursch aus dem Österreichischen tät gar schön bitten in Eurer rundherum und landweit berühmten Mühl' die ehrbare Mahlkunst beschauen und ausüben zu dürfen, versprechend bei seiner Lehrehr fleißig und träbig bei der Arbeit zu sein.

* * *

Der fahrende Bursch aus dem Österreichischen zieht weiter, und dankt dem Meister und der Meisterin für Kunst und Kost, für Lehr und Lohn, versprechend den Ruhm ihrer ehrlichen Mühl kund zu tun und weiter zu sagen, wo immer er Müller und Becken[2] antrifft.

---

[1] „Habe ich Wasser, dann habe ich kein Korn. Habe ich Korn, dann habe ich kein Wasser. Und wenn ich Wasser und Korn habe, dann ist die Mühle kaputt!"

[2] Bäcker

Ein Unkraut machte Europa zum Abendland

Das europäische Kulturdenkmal: Der Roggen

Vor rund zehntausend Jahren gelang der Menschheit etwas ganz Außergewöhnliches: Im Vorderen Orient, an den Berghängen Anatoliens und den Randgebirgen Syriens und Mesopotamiens schafften es Menschen, Pflanzen zu kultivieren und Tiere zu domestizieren, also zu Haustieren zu machen und sie, Tiere und Pflanzen, für den täglichen Bedarf zu verwenden: Zum Schutz, zur Beförderung, zur Nahrung und Kleidung. Und damit kam es zu geradezu fundamentalen Veränderungen: Die Menschen wurden in die Lage versetzt, ihr Nomadenleben aufzugeben und sesshaft zu werden.

Lassen wir einmal die Tiere beiseite und befassen uns mit den Pflanzen:

Die unbedingt bedeutendste Pflanze, die im Orient kultiviert wurde, war der **Weizen**, vielleicht noch die Gerste. Alle anderen Getreidearten waren ohne Bedeutung

In einem alten Lexikon von 1837 steht: *„Der Weizen bewirkt die Wohlfahrt der gebildeten Völker."*

Dazu zählten vor 5000 Jahren unsere Vorfahren, die europäischen Völkerschaften, wohl noch nicht.

In den fruchtbaren Gebieten und Böden des Vorderen Orients gedieh der Weizen ohne großen Aufwand. Mit einer Art Egge wurde der Boden ein wenig aufgekratzt, das Samenkorn hinein gesät und sich selbst überlassen, und wenn es reif war mit primitivem Werkzeug geerntet.

Unter den Weizensamen befanden sich immer auch andere Sämereien, welche als Unkraut angesehen wurden. Dazu gehörte auch der Roggen.

Diese „Unkräuter" wurden im Orient nie kultiviert, und das hatte beim Roggen einen fundamentalen Grund:

Weizen, Gerste und viele andere Wildgräser sind **Selbstbestäuber**, das heißt diese Pflanzen bestäuben sich in sich selbst.

Noch einmal genauer: Die männlichen Pollen und die weiblichen Narben befinden sich beide in derselben Blüte und sind so angelegt, dass sie zusammenfinden und sich befruchten – und dann erst kann das Samenkorn entstehen. Dabei verändern sich die Körner nicht, und die Bauern können sie **sortenrein** ernten und auch wieder sortenrein aussäen. Und das wiederholt sich jedes Jahr immer und immer wieder.

Diese Selbstbestäubung bewirkte in Europa, sehr spät, eine Verkettung von Eigenschaften, die es in der arabischen oder chinesischen Kultur nicht gab.

Ganz anders verhält es sich beim Roggen: Er ist ein **Fremdbestäuber**. Was bedeutet das? Für das nördliche Europa sehr viel.

Während beim Selbstbestäuber die männliche Pollen und die weibliche Narbe gleichzeitig geschlechtsreif sind, werden beim Roggen die männlichen Pollen und die weibliche Blüte zu unterschiedlichen Zeitpunkten geschlechtsreif und aktiv, und sind deshalb nicht im Stande, sich selbst zu bestäuben. Deshalb müssen sie tricksen, und lassen sich von anderen Pflanzen, welche zur passenden Zeit geschlechtsreif sind, die aber sehr nah mit ihnen verwandt sein müssen, befruchten.

Dieses geschieht durch den Wind, Insekten oder auch den Menschen.

Diese Gräser waren im Orient sehr zahlreich vorhanden, und jede Art befruchtete die Roggenblüte auf ihre Weise. Das gab stets eine leicht veränderte Pflanze und ein anderes Korn.

Hinzu kam noch, dass im Orient das Getreide mit der plumpen **Steinsichel** geerntet wurde. Die Roggenkörner fallen – im Gegensatz zu den Weizenkörnern – schon bei geringer Erschütterung aus dem Halm auf den Boden. Hier konnten sie nur schwer eingesammelt werden, man hatte dies auch nicht nötig, man hatte ja den Weizen.

Und was geschah im nördlichen Europa? Mit den Weizenkörnern kamen auch einige wenige Roggenkörner zu uns, und wurden zusammen ausgesät. Stellen wir uns nun ein oder gar mehrere nasse Jahrgänge vor. Das ertrugen die verwöhnten Weizensamen aus den heißen Gebieten nicht. Sie kamen nicht zur Reife, und taugten, wenn es gut ging, nur zum Viehfutter.

Übrig blieben einige Roggenhalme, denn der Roggen konnte die nasse Witterung weitgehend ertragen. Wildgräser waren zwar viele vorhanden, aber im Gegensatz zum Orient nur wenige, welche dem Roggen nahe genug verwandt waren, dass sie ihn mit ihren Pollen beeinflussen konnten.

Aber einige wenige gab es doch, und diese Wildgraspollen genügten, um die Roggenblüten zu bestäuben.

Noch eines kam dazu: Die germanischen Bauern verwendeten statt einer Steinsichel die Eisensichel, die Körner schüttelte es nicht so schnell aus dem Halm, und sie konnten leicht selektiert werden.

Der Roggen, eine neue Getreideart, aus Unkraut geboren, hatte sich etabliert, verlangte aber auch Beachtung und Pflege. Die nassen, schweren Sandböden mussten zur Aussaat vorbereitet werden. Dazu genügte es nicht mehr, den Boden mit einer strabeligen Astgabel aufzukratzen, die möglicherweise von Frauen gezogen wurden. Hier brauchte man einen stabilen Pflug, der viel tiefer griff. Einen Wendepflug, der die Ackerscholle umdrehte und das Unkraut nach unten kehrte und ersticken ließ. Dieser Pflug musste erst erfunden und weiterentwickelt werden.

Zum Ziehen des Pflugs benötigte man großes, kräftiges Vieh: Esel, Pferde, Ochsen. Diese mussten zuerst einmal gezüchtet werden, lieferten aber nebenbei viel Mist, den man wiederum zur Düngung des kargen Bodens dringend benötigte. Zum Einspannen der Tiere brauchte man Geschirre, Wagen wurden benötigt.

Anfangs versuchte wohl mancher Bauer sein Werkzeug selbst herzustellen. Aber mit der Zeit zeigte sich, dass es Leute mit viel Geschick gab, die es besser konnten. So ließ man diese machen und gab ihnen dafür von eigenen, bäuerlichen Erzeugnissen ab was sie zum Leben brauchten.

Diese „Spezialisten" wurden Schmiede, Sattler, Zimmerleute: Es war der Ursprung des Handwerks, und − wenn man so will − der Landtechnik.

Auch unsere Mühlen mit ihrer ganzen Technik zählen dazu. Sie unterstützten, erleichterten auf vielerlei Weise die Arbeit der Menschen. In Europa war die Arbeitsteilung geboren.

Dadurch wurde auch das soziale Leben beeinflusst und, was am allerwichtigsten war: Hungersnöte waren zumindest nicht mehr die Regel.

Es kam zu einer Verkettung von Umständen, zu Veränderungen, die in dieser Form nur im Okzident aufgetreten sind.

So etwas gab es im Orient und in China nicht. Und der Hauptgrund war ein Unkraut, das durch Zufall auf die Felder unserer bäuerlichen Vorfahren gelangte.

Lassen sie mich zum Schluss aus einem Zeitungsartikel zitieren:

> *Der Roggen gilt als Urkorn schlechthin. Für dunkle Brote, die mit ihm gebacken werden werben urwüchsige Krieger, denen es um Geschmack geht und nicht um die helle Krume dekadent-zivilisierter Weißbrotesser. Roggen steht für Kraft und Gesundheit, für Zeiten, in denen Brot noch aus dem vollen Korn gemacht wurde und nicht aus weißlichem, geschmacksneutralem Mehl ...*

Quellen:

Hansjörg Küster: Am Anfang war das Korn.

Michael Mitterauer: Warum Europa?

Brockhaus- Lexikon von 1837.

Berthold Seewald: „Erst der Roggen machte Europa zum Abendland“ DIE WELT, 10.09.2014.

Unterstützung von Dr. Ulrich Stoll, ehem. Dozent für Ernährungswissenschaften an der Medizinischen Hochschule Hannover.

Werner Unseld, Müllermeister in Herrenberg-Gültstein.

Der Besatz des Getreides

Kein Getreide, das der Mühle angeliefert wird, ist so rein, dass es nur aus ganzen, voll ausgebildeten Körnern besteht. Jedes Getreide enthält Beimengungen, beispielsweise Stroh, Ähren, Unkrautsamen, Sand, oder Steine, die man als Besatz bezeichnet. Der Besatz ist zum Teil gesundheitsschädlich, zum Teil wirkt er sich nachteilig auf Backfähigkeit und Farbe des Mehles aus, und es besteht die Gefahr, dass die Maschinen beschädigt werden.

Kornbesatz

Zum Kornbesatz zählen Bruchkörner, angeschlagene Körner, Schmachtkörner, Fremdgetreide, Auswuchs und Schädlingsfraß. Unter Schädlingsfraß versteht man die Körner, die von Getreideschädlingen an- oder hohlgefressen worden sind. Durch Dreschen, durch die Förderung mit Elevatoren, Schnecken und Redler, kommt es vor, dass einzelne Körner zerbrechen. Dieses Bruchkorn wird hauptsächlich im Trieur zusammen mit den Unkrautsamen ausgeschieden. Es ist äußerst schwierig, das Gemisch aus Unkrautsamen und Bruchkorn so zu trennen, dass man das Bruchkorn vollständig zurückgewinnt und mit vermahlen kann.

Als Schmachtkorn bezeichnet man alle die Körner, die eine eingeschrumpfte Oberfläche haben, verkrüppelt oder klein sind. Enthält ein Getreide viel Schmachtkorn so geht die Mehlausbeute zurück, und die Backfähigkeit wird verschlechtert.

Zum Fremdgetreide zählen alle die Getreidearten, die nicht zum Grundgetreide gehören. Beispielsweise Hafer im Weizen.

Auswuchs entsteht, wenn vor und während der Ernte sehr nasses Wetter herrscht, und die Körner bereits auf dem Halm zu keimen beginnen. Man erkennt Auswuchskörner daran, dass aus dem Keim die Keimwurzeln wie dünne Fäden hervortreten. Auswuchsgetreide ruft eine starke Minderung der Backfähigkeit hervor.

Schwarzbesatz

Zum Schwarzbesatz zählen alle übrigen Beimischungen, die nicht unter den Kornbesatz fallen, also Steine, Sand, Spelzen, Spreu, Keimteile, Metallteile, Ratten- und Mäusekot sowie Unkrautsamen; ferner Mutterkorn und Brand.

Unkrautsamen: Auf dem Felde wachsen mit dem Getreide auch verschiedene Unkräuter. Es lässt sich nicht vermeiden, dass diese mit dem Getreide zusammen geerntet und gedroschen werden, so dass ihre Samen mit ins Getreide gelangen. Da ein Teil dieser Unkrautsamen giftig ist, ist ihre Entfernung aus dem Getreide von besonderer Wichtigkeit. Die wichtigsten und am häufigsten vorkommenden Unkrautsamen wollen wir uns etwas genauer ansehen.

- o Die Kornrade: Ihre Samen, die Raden, sind die am häufigsten vorkommenden Unkrautsamen. Diese Samen sind giftig und rufen schwarzen Stippen im Mehl hervor, wenn sie mit vermahlen werden.

- o Wicken: Ihre Samen sind ebenfalls sehr häufig, und haben eine kugelige Form. Auch sie verursachen dunkle Stippen im Mehl.

o Trespen: Die mitvermahlenen Trespen färben das Mehl dunkel.

o Flughafer: Verhält sich wie die Trespen.

o Taumellolch: Auch Rauschgras genannt, enthält Giftstoffe, die Schwindelanfälle und Magenstörungen hervorrufen. Der Anteil im gereinigten Mahlgetreide darf nicht höher als 0,1 % sein.

o Distelkopf: Bütenstände von Disteln.

o Skabiosen: Kommen hauptsächlich im Getreide vor, das aus Syrien und der Türkei eingeführt wird, also im Hartweizen für Teigwaren. Skabiose verleiht dem Mehl eine unansehnliche Farbe und ruft schon bei geringen Anteilen im Mehl einen bitteren Geschmack hervor.

Viele der Samen entsprechen in ihrer Größe den Getreidekörnern, und sind deshalb schwer von ihnen zu trennen.

Pilze

o Getreiderost: Bei ihm wird der Halm und die Blätter von sogenannten Rostpilzen befallen. Diese färben sich braun. Die Folgen sind geringe Kornausbildung und Schmachtkörner.

o Weizenbrand: Verursacht durch die Sporen des Brandpilzes. In Weizen, der vom Stein-, Schmier- oder Stinkbrand befallen ist, treten die sogenannten Brandbutten oder Brandkugeln auf. Sie gleichen in der Größe den Weizenkörnern. Wenn man sie zerdrückt tritt aus dem Inneren ein schwarzbraunes, nach Heringslake riechendes Pulver hervor: die Sporen des Brandpilzes.

o Mutterkorn: Mutterkorn ist ebenfalls eine durch Pilzbefall hervorgerufene Krankheit und tritt vorwiegend bei Roggen auf. Es wächst aus der Ähre als lang gestreckter, rundlicher Körper von dunkler, violetter Farbe und unterschiedlicher Größe heraus. Mutterkorn enthält Giftstoffe, sogenannte Alkaloide, die beim Menschen schwere Krankheiten hervorrufen. Der Müller muss deshalb Getreide, das Mutterkorn enthält, äußerst sorgfältig reinigen und streng darauf achten, dass kein Mutterkorn mit zur Vermahlung gelangt. Der Anteil an Mutterkorn darf nicht höher als 0,1 % liegen.

o Schimmelpilze und Bakterien: Auf der Oberfläche des Getreidekornes sitzen zahlreiche Schimmelpilze und Bakterien, die sich im lagernden Getreide entfalten und vermehren. Sie können zum völligen Verderb des Getreides führen.

Getreide- und Mühlenschädlinge

Getreideschädlinge sind Tiere, hauptsächlich Insekten, die lagerndes Getreide befallen, sich davon ernähren, und sich dort ungestört fortpflanzen und ausbreiten. Außerdem wird das Getreide durch den Kot und die Leichen der Insekten verunreinigt. Lagerndes Getreide muss man daher laufend überwachen und Maßnahmen zur Bekämpfung von Schädlingen ergreifen, sobald solche darin auftreten – etwa durch Umschaufeln oder umlaufen lassen – Umstechen, so der Fachausdruck.

o   Der Kornkäfer: Er ist der am häufigsten auftretende Schädling. Er ist ein etwa 3 bis 5 mm langer, dunkelbraun bis schwarz gefärbter Käfer, dessen wesentlichste Merkmale der in einen gekrümmten schmalen Rüssel auslaufenden Kopf und der mit länglichen Punkten gezeichnete Halsschild sind. Seine Flügel sind verkümmert, so dass er nicht fliegen kann. Er pflanzt sich fort, indem das Weibchen mit dem Rüssel ein Getreidekorn anbohrt, dahinein ein Ei ablegt und das Korn wieder verschließt. Die aus dem Ei schlüpfende Larve ernährt sich vom Korninneren. Sie verpuppt sich. Aus der Puppe entsteht der Kornkäfer, der sich durch das Korn nach außen frisst und die leer gefressene Hülle des Kornes zurück lässt. Während die Larven das Korn von innen heraus leer fressen, ernährt sich der Käfer, indem er das Korn von außen anfrisst. Es ist schwierig, den Befall durch Kornkäfer immer rechtzeitig zu erkennen, da man die Körner, in denen Larven des Kornkäfers sitzen, äußerlich von unbefallenen Körnern nicht unterscheiden kann. Solchen versteckten Befall kann man feststellen, wenn man verdächtiges Getreide ins Wasser wirft. Die schon stärker ausgefressenen Körner schwimmen oben. Wenn man sie aufschneidet, kann man darin Larven oder frisch ausgeschlüpfte Käfer finden. Der Kornkäfer ist sehr zäh und kann bis zu mehreren Wochen ohne Nahrungsaufnahme leben.

o   Die Kornmotte ist ein 5 bis 8 mm langer Falter, dessen Flügel von heller Farbe mit dunklen Flecken sind. Das Weibchen legt seine Eier zwischen Getreidekörner. Die aus den Eiern schlüpfenden Larven fressen die Körner an und verspinnen sie zu großen Klumpen.

o   Die Milben gehören zu den Spinnentieren. Es sind 0,3 bis 0,5 mm große, weiße Tierchen, die man wegen ihrer geringen Größe nur schwer mit bloßem Auge erkennen kann. Sie treten sowohl im Getreide als auch im Mehl auf. Beim Mehl streicht man eine kleine Probe mit dem Spatel glatt. Befinden sich Milben darin, so zeigen sich auf der glatten Oberfläche nach einiger Zeit kleine Häufchen und Gänge, die durch die Wühlarbeit der Milben entstehen.

o   Die Mehlmotte, ein 10 bis 14 mm langer grauer Falter, ist der größte Schädling in der Mühle. Der Schaden wird durch ihre Raupe verursacht, die weiß bis rötlich gefärbt ist und bis zur Verpuppung 5 bis 10 mm lang wird. Er besteht weniger in der Fraßtätigkeit der Raupe als darin, dass sie die gesamte Vermahlungsanlage durch ihre Gespinste und ihren Kot verunreinigt und die Laufrohre verstopft. Der Falter selbst nimmt keine Nahrung auf. Die Entwicklung vollzieht sich bei höherer Temperatur sehr schnell. Deshalb tritt die Mehlmotte in der warmen Jahreszeit massenweise auf.

o   Der Mehlkäfer: Der 14 bis 17 mm lange Mehlkäfer hält sich meist an versteckten Plätzen und toten Ecken, etwa unter Treppenabsätzen auf. Seine Larven sind die bekannten, gelbbraun glänzenden Mehlwürmer.

Der Schaden, den der Mehlkäfer anrichtet, ist infolge seiner geringen Vermehrung nicht sehr groß.

Darüber hinaus gibt es natürlich noch Mäuse und Ratten. Aber diese sind ein eigenes Kapitel wert.

Kornkäfer

Die Kärntner Bergmühle

Es war ein recht heftiges Bekanntwerden mit der alten Bergmühle im Kostagraben und ihrem Müller, dem alten Olsner. Eigentlich hieß er Crisant Klammer, Olsner war der Hausname, der ist in Kärnten wichtiger als der offizielle Name und steht sogar auf dem Grabstein.

Wir waren im Urlaub, und auf der Flucht vor dem Winter. In der vergangenen Nacht hatte es angefangen, heftig zu schneien, und einige Versuche, über den Berg Richtung Heimat zu kommen, waren schon gescheitert. Jetzt versuchten wir es noch durch eine in der Landkarte ganz schmal eingezeichnete Bergstraße.

Und plötzlich, in einer tiefen Schlucht, mitten im Wald, die kleine Mühle:

Ganz in den Fels hineingebaut, mit einem sich flink drehenden Wasserrad. Wetter und Schnee hin oder her – diese Mühle musste ich sehen!

Vor der geschlossenen Mühlentür stand ein Regenschirm. Im Inneren klapperte das Mahlwerk. Es musste also jemand da sein.

Ich klopfte. Nichts tat sich. Ich klopfte ziemlich energisch. Nichts.

Dann fing es im Innern an zu poltern und plötzlich ging die Türe auf, und ein grimmig dreinblickender Mann stand vor mir und griff nach dem Regenschirm.

„Was wollen Sie?"

„Ich möchte die Mühle anschauen."

„Nein das geht nicht, die Mühle ist nicht zum Anschauen da. Außerdem, was interessiert Sie das? Verschwinden Sie!"

„Ich bin Mühlenbauer und komme aus Deutschland, ich muss die Mühle unbedingt sehen! Ich lasse mich nicht so schnell vertreiben."

„Sie sind Mühlenbauer?" Er stellte seinen Regenschirm wieder in die Ecke. Die Neugier war geweckt, das Eis war gebrochen, und ich konnte seine Mühle, gespickt mit vielen Erklärungen und Erzählungen von früher und heute aus der ganzen Umgebung, genauestens inspizieren.

Der alte Olsner war noch ein richtiger Müller. Die schwere Arbeit auf seinem weit oberhalb der Mühle gelegenen Bauernhof überließ er seiner Frau.

⁂⁇

Viele Jahre später waren wir wieder in der Gegend, und suchten und fragten nach dem alten Müller. Ich beschrieb den Mann. Nach dem, was ich erzählte, konnte es nur der alte Olsner sein.

Der erkannte mich sofort wieder, und dieses Mal war der Empfang sehr herzlich, und wir wurden sogleich eingeladen zu ihm in seine Wohnstube zu kommen.

Dort lernten wir die nächste Generation der Familie kennen, und es wurde daraus eine Freundschaft, die bis heute besteht.

Olsners Bergmühle im Lesachtal/Kärnten, ca. 2000

Der nächste Olsner war mit Leib und Seele Bauer, und hatte an der Mühle wenig Interesse. Er ließ sie zwar nicht verfallen, aber das war auch alles.

Dieser Olsner, ebenfalls mit dem Namen Crisant, hatte eine große handwerkliche Naturbegabung, und sein Rat wurde vor allem beim Errichten von neuen Häusern und Ställen aus der ganzen Umgebung eingeholt. Leider verunglückte er in jungen Jahren bei Waldarbeiten. Von diesem Unfall erholte er sich nie. Er verstarb in relativ jungen Jahren.

Nun übernahm die nächste Generation das Anwesen, und das war Rudolf.

Auch Rudolf war Bauer, und ein echter Olsner. Sein Hof war zu seines Vaters Zeit ziemlich gewachsen. Rudolf hatte mit seinen Wäldern, Wiesen, Kühen und dem übrigen Viehzeug wahrhaftig genug zu tun, zumal sich noch keine Frau, keine Bäuerin bei ihm eingefunden hatte.

Und Rudolf entdeckte seine alte Mühle wieder, und hatte große Freude daran. Und weil er vieles vom handwerklichen Geschick seines Vaters mitbekommen hatte, brachte er die Mühle bald wieder zum Laufen. Nur hatte er aber keine Ahnung vom Müllern, vom Mahlen des Korns zu Mehl. Sein Mehl war grob und dunkel.

Bei einem Mühlenfest in Maria Luggau, einem bekannten Wallfahrtsort im oberen Lesachtal, weit herum bekannt wegen seinen vielen Mühlen – „das Tal der tausend Mühlen" wird es genannt, sah Rudolf, wie sie aus demselben Korn und mit derselben Mühleneinrichtung wie er sie selbst hatte, ein ganz feines helles Mehl ermüllerten.

Was machte er falsch?

Wir gingen zur Mühle. Rudolf ließ sie anlaufen und schüttete das Korn in den Trichter. Er hatte die Mühlsteine sehr eng gestellt, so dass es einen ziemlich feinen Schrot ergab. Aus dem Mahlgang fällt der Schrot auf das Siebwerk, den Mehlbeutel. Das ist ein Holzrahmen, mit einem feinen Sieb bespannt. Darauf wird der Schrot hin und her gerüttelt und das feine Mehl fällt durch das Sieb in den Beutelkasten und kann von dort heraus geschöpft werden. Diesen Gefallen tat uns aber der Schrot bei *der* Mahlsteineinstellung nicht, der Schrot war schwer, bewegte sich kaum und lief nur langsam über das Sieb zum Auslauf. Das anfallende Mehl war sehr dunkel.

Ich schlug vor, beim ersten Durchgang das Sieb zu entfernen und die Mühlsteine weiter auseinander zu stellen. Diesen ersten Schrot erneut aufzuschütten und zu mahlen dabei die Mühlsteine leicht enger zu stellen. Dieses Mal mit Sieb.

Das Mahlgut war jetzt flockiger, leichter und wurde auf dem Sieb kräftig durchgerüttelt

Bei diesem zweiten Durchgang war das abgesiebte Mehl auch noch ziemlich dunkel, und nun behauptete ich, dass wir bei den nächsten beiden Durchgängen sehr helles Mehl bekommen würden.

Rudolf meinte: „Naa, nie! Warum?

„Probier!“

Rudolf befolgte meinen Vorschlag. Wir verglichen die beiden Produkte. Das Mehl war offensichtlich heller, genau wie beim nächsten Durchgang auch.

„Beim nächsten Durchgang wird's wieder dunkler“, sagte ich. Und so war es auch.

Das Temperament hatte Rudolf von seinem Großvater geerbt, das kannte ich.

Rudolf: „Aber gäh! Du Hund, was machst du mit meiner Mühl? Jetzt hab i immer das Gute meinen Kühen gefüttert und das Schlechte hab i selbst g'fressn!"

„Rudolf, das ist Österreichisch-Ungarische Weizenhochmüllerei, das müsste ein österreichischer Müller einfach wissen. Aber tröste dich, man lernt nie aus!", neckte ich ihn.

Ich gab ihm zum Abschied noch einige Tipps. Zum Beispiel: „Netze dein Korn mit Wasser, und lasse es zwölf Stunden abstehen, dann wird die Schale zäh, löst sich leichter vom Mehlkern und lässt sich leichter absieben, und du hast nochmals ein helleres Mehl."

Auf Mühlensuche in Baschkortostan

„Regina, ich will eine Mühle sehen!"

„Das geht nicht. Du bist in Russland, und nicht in Deutschland. In Russland gibt es keine Mühlen und keine Müller, nur Arbeiter, und die verstehen nichts."

„Regina, wir essen Brot, und das Brot ist aus Mehl, und das Mehl ist aus Korn, und das Korn muss gemahlen werden, und dazu braucht man eine Mühle, ist doch wohl klar."

Ich möchte unbedingt vor unserer Heimreise noch eine Mühle besichtigen.

Oleg geht um sechs Uhr wieder zur Arbeit. Wir stehen um 10:30 Uhr auf. Durch die lange Helligkeit, bis um 24 Uhr nachts, haben wir kein richtiges Zeitgefühl mehr.

Doch am Morgen lenkt Regina ein, als sie merkt, dass ich nicht nachgebe, und fragt an, was eine Fahrt mit einem Taxi kostet. 180 Rubel der Hinweg und 90 Rubel zurück, dazu noch etwas für die Zeit, in der wir dort sind, je nachdem wie lange wir uns aufhalten. Also umgerechnet etwa sieben Euro.

Wir fahren rund 20 km hinaus aufs Land und sehen die unendliche Weite und den großen, unendlichen Himmel Baschkortostans. Wir sind davon sehr beeindruckt! Und mit der Zeit kommt auch die Sonne etwas durch.

Am Rande eines Dorfes meint Regina, eine Mühle zu wissen. Man merkt, sie hat vor dem ganzen Abenteuer ein bisschen Angst.

Ja, da ist etwas, das könnte eine Mühle sein.

Unser Taxifahrer wird langsam auch neugierig und unterstützt uns. Er fährt in das Anwesen hinein. Eine ganz heruntergekommene Getreidesiloanlage steht im Feld, mit vielleicht 300 Tonnen Fassungsvermögen. Doch kein Mensch scheint da zu sein. In einiger Entfernung sieht man große landwirtschaftliche Gebäude, und große, vergammelte Landmaschinen stehen auf einer Wiese. Auch einige riesige Traktoren, darunter ein ziemlich neuer Deutz-Fahr Schlepper. In knöcheltiefem Dreck kurvt unser Fahrer herum, und fährt schließlich in einen leeren Stall, in welchem wir umdrehen, um dann mit Schwung das Areal zu verlassen, ohne irgendjemanden gesehen zu haben.

Ich glaube, in dem Dreck wäre ich mit meinem eigenen Auto stecken geblieben. Aber das ist eben Russland.

Jetzt sind wir wieder auf der Straße, finden noch eine Siloanlage, ziemlich neu und etwas größer. Ein großes Tor versperrt uns den Weg, dahinter zwei Hunde und kein Mensch. Wieder nichts.

Dann eben keine Mühle!

Doch unser Fahrer wurde inzwischen wohl vom Mühlenvirus befallen. Er telefoniert. Wir fahren noch ein Dorf an. Er fragt eine Frau, die unterwegs ist, und sie deutet auf einen Gebäudekomplex. Wir fahren ihn an, und in einem Gebäude, ähnlich einer großen Scheuer, steht das Tor weit offen. Wir sehen auf verschiedenen Stahlgestellen Maschinen sowie viele weiße Mehlsäcke herumstehen. Regina ist das alles nicht ganz geheuer, aber ich brauche sie als Dolmetscherin.

Ein junger Mann, er sieht gar nicht nach einem Müller aus, gibt Antwort, und bittet uns, hereinzukommen.

Er erzählt, dass er Schrot für Tiere und Mehl für Menschen macht, aus Weizen, Roggen und Mais. Er hat Schalen aufgestellt, in denen er seine Produkte zeigt: Mehl, Schrot, ziemlich groben Maisgrieß, Pellets, Sonnenblumenkerne...

Die Funktionsweise der Anlage durchschaue ich allerdings nicht. Er zeigt mir die Reinigung, auf welche er offenbar recht stolz ist, die Vermahlung, ein Walzenstuhl mit einer Riffelwalze, 250 mm Durchmesser und 600 mm lang. Unser Taxifahrer ist sehr interessiert und schlüpft überall hinein. Er ist mit der Zeit ganz weiß, wie ein richtiger Müller.

„Regina, frage doch den Müller, ob er uns nicht fünf oder zehn Kilo Mehl verkauft!"

„Nein das geht nicht!"

„Los, frag!"

„Er verkauft, aber nur einen ganzen Sack mit 50 Kilo!"

„Was tun wir mit so viel Mehl?"

„Mama kauft immer so viel."

„Ja, wo ist dann das Problem? Kaufe!"

Ich kaufe einen Sack Mehl, der Fahrer ist beim Herrichten behilflich, und der Müller näht ihn mit einer Sacknähmaschine zu. Sie stülpen noch einen zweiten Sack darüber, und ab in den Kofferraum damit!

Er kostet 750 Rubel, das sind €17,44. Der Müller kann aber meinen Tausendrubelschein nicht wechseln. Das erledigt dann der Taxifahrer, der von meiner Aktion ganz begeistert ist.

„Na, Regina was sagst du nun?"

Sie lacht: „Oh, der Deduschka[1]! Du bist unmöglich. Du musst alles wissen und alles machen. Das hat dir Gott im Traum gesagt, dass wir eine Mühle finden.“

„Dann ist es vielleicht doch gut wenn man einen Gott hat.“

Wir fahren als nächstes zu Reginas Eltern, und die Mama guckt ganz ungläubig, als der Fahrer einen Sack Mehl vor ihre Türe stellt.

Zu Hause angekommen sagt Regina: „Das war wieder ein schöner Tag heute.“

Als wir zu Hause ihrem Mann Oleg von unserem Mühlenabenteuer erzählen, sagt dieser: „Das machen wir auch mal! Aber ohne Taxi!“

Aber die Mama hat dann festgestellt, dass wir 100 Rubel – etwa € 2,50 – zu viel bezahlt haben!

Morgen reisen wir ab.

---

[1] Russisch: Großvater

Eine Mühlengeschichte aus Ungarn

Mir ist eine Geschichte zu Ohren gekommen, von drunten, vom schönen Ungarnland, wo eine Mühle versuchte, sehr drastisch einzugreifen, um ihren ach so klugen, aber faulen, heruntergekommenen Mühlherrn – *molnár* auf ungarisch – auf einen ordentlichen Weg zu bringen, leider mit wenig Erfolg.

Die Mühle – ungarisch: „*Malom*" – schwamm auf einem großen Fluss, der Donau, ungarisch: „*Duna*". Es war eine Schiffmühle.

Schiffmühlen bestehen aus zwei schwimmenden Gebäuden: Im größeren, näher am Ufer liegenden Gebäude ist die eigentliche Mühle untergebracht, das zweite, kleinere Gebäude, weiter zur Flussmitte gelegen, hat nur das Außenlager zu tragen. Dazwischen liegt das Wasserrad, meist sehr breit, es kann sechs Meter oder noch breiter sein. Es besteht aus der Achse, auf welche an Stielen die Schaufelblätter, einfache Bretter, aufgesetzt sind. Diese tauchen immer in der genau richtigen Tiefe in den darunter durchziehenden Fluss. Weil beide Gebäude schwimmen, bleibt die Eintauchtiefe immer konstant, ob der Wasserspiegel fällt oder ansteigt.

Bei einer auf dem Lande stehenden Wassermühle kann das Wasser bei niedrigem Wasserstand die Schaufeln unterlaufen. Umgekehrt stehen bei Hochwasser die Schaufeln so tief im Wasser, dass sie „waten", das heißt, sie können sich nicht mehr aus dem Wasser heben. Die Mühle bleibt in beiden Fällen stehen – dies kann bei einer Schiffmühle nicht passieren.

Die Schiffmühle muss mit Ketten fest am Land verankert sein, damit sie bei Hochwasser vom Strom nicht mitgerissen werden kann. Im Winter, bei starkem Frost, muss sie an Land gezogen werden, damit sie nicht im Wasser festfriert.

Um auf die Mühle zu gelangen, ist ein Steg, meist aus Holz, angelegt. Ebenso führt ein schmaler Steg parallel zum Wasserrad vom Mühlengebäude zum Außenlager. Dieses Lager muss regelmäßig gepflegt, also geschmiert werden, sonst meldet es sich durch Quietschen und Pfeifen, läuft heiß und geht kaputt.

Nun lag besagte Mühle seit Jahrhunderten in der Duna. Schmuck und sauber, immer gut gepflegt – gut in Schuss. Und war es soweit, dass ein Generationswechsel anstand, so war immer ein tüchtiger Sohn da, der ins Mühlengeschäft einstieg und weitermüllerte.

Von einem sehr tüchtigen und beliebten Müller, der etlichen Generationen zurück die Mühle betrieb, wird heute noch in der ganzen Umgebung gerne erzählt. Er war ein auffällig großer und kräftiger Mann, und wenn ein Bäuerlein sich mit einem Getreidesack abmühte, soll er den Sack mit einer Hand am Zipfel gepackt und hochgehoben haben.

Zum Mühlenerbe gehörte ganz selbstverständlich ein erkleckliches Sümmchen Bargeld, das bisher bei jedem Wechsel in steter Gleichmäßigkeit zugenommen hatte. Dieses Sümmchen Geld sollte Miklós Halász, dem letzten Müller, nicht gut bekommen.

Als er von seinem Vater nach dessen Tod alles geerbt und in den Händen hatte, setzte er sich im Mahlstübchen an den Tisch, zählte das Geld, und rechnete. Dazu ein oder zwei oder auch drei Gläschen Tokaierwein machten das Rechnen leichter und stimmiger. Und so kam er zu der Erkenntnis, dass er das harte Arbeiten, das frühe Aufstehen und das späte Zubettgehen oder sogar das Mahlen in der Nacht, wie er es bei seinem Vater gesehen hatte, eigentlich nicht nötig hatte.

Doch vor lauter Rechnen vergaß der liebe Miklós des Öfteren, sich um seine Mühle zu kümmern, und überließ dieselbe immer mehr sich selbst. Und weil es immer mehr zu Unregelmäßigkeiten und Unstimmigkeiten kam, brachten immer weniger Bauern ihr Korn zur Mühle.

Diese meldete sich am Anfang ganz vorsichtig, verschämt: ein Lager quietschte, ein Riemen sprang von der Scheibe, ein Sieb hatte ein Loch...

Demnächst wollte Müller Miklós die Ärmel hochkrempeln und beginnen, alles in Ordnung zu bringen. Aber der gute Wille allein brachte die Sache nicht weiter. „Morgen, morgen nur nicht heute, sagen alle faulen Leute." Und gerade so, wie die Arbeit und das Geld weniger wurde, genau so nahmen die Sorgen zu. Doch ließen sich diese ganz einfach mit weniger oder mehr Tokajer vertreiben.

Die Mühle wurde deutlicher!

Zähne fielen aus den Zahnrädern, sie blieb jetzt auch stehen. Dann war der Müller gezwungen, etwas zu unternehmen, um sie wieder in Gang zu bringen, damit er seine wenigen Kunden, die noch kamen, bedienen konnte.

Der Niedergang nahm seinen Lauf.

Weinselig schlich Miklós oft schon am Morgen zum dörflichen Krug, um seine Sorgen zu ertränken und zu vergessen, blieb immer öfter den ganzen Tag dort sitzen, sprach große Töne. Kumpanen, die bereit waren, ihm zuzuhören, ihm Recht gaben, und sich ihren Wein von ihm bezahlen ließen, solange er Geld hatte, gab es genug.

Dann torkelte er, oft schon bei Dunkelheit, sturzbetrunken, mit verschränkten Beinen immer mit dem gleichen Lied auf den Lippen, seiner Mühle am großen, reißenden Fluss zu:

Klein ist dieses Fässchen,
Der Wein ist doch das Beste.
Dil, dúl, dalala,
Didarida, dil, dúl, dalala.

Ich trink´ lieber keinen,
Sonst bin ich besoffen.
Dil, dúl, dalala,
Didarida, dil, dúl, dalala.

Das Trinken lass ich lieber sein,
Ich könnte sonst betrunken sein.
Dil, dúl, dalala,
Didarida, dil, dúl, dalala.

Die Mühle war krank geworden. Alles tat ihr weh, sie ächzte, jammerte und stöhnte. Ihr Herr wollte und wollte nicht hören. Da entschloss sie sich, ihre Angelegenheit selbst in die Hand zu nehmen, und griff zu einem sehr drastischen, außergewöhnlichen Mittel.

Als Miklós wieder einmal zu später Stunde nach Hause, zu seiner Mühle wankte, lockte ihn diese mit einem Mark erschütterndem Gekrächze und Gequietsche hinaus zum Außenlager. Er ergriff im Vorbeigehen verärgert einen Topf, in dem er annahm, dass sich darin Schmieröl befinde – es war aber saure, dicke Milch von letzten Monat – und wollte mit einem gewaltigen Schubs dem Geschrei ein rasches Ende bereiten.

Wenn Schmieröl und Essen so zum Verwechseln nahe beieinander stehen, zeigt dies, dass nicht nur bei der Mühle, sondern auch in der übrigen Hauswirtschaft des Müllers einiges im Argen lag. Der Steg war vernachlässigt wie alles andere auch. Dass da eine Lücke war, das wusste er, aber dass das Brett daneben nicht festgenagelt war, das bedachte er nicht. Er trat darauf, das Brett kippte und der gute Müller plumpste kopfüber ins Wasser.

Ab jetzt übernahm die Mühle das Regiment. Sie wollte ihren Peiniger durchaus nicht ersäufen. Einen gellenden Schrei ließ sie noch zu: „Halt! Halt! Hilfe!“. Dieser Schrei, dieses Zugeständnis, war letztendlich seine Rettung, dieser Schrei drang durch die dunkle Nacht – und wurde gehört. Aber das war vorerst alles, die Mühle war jetzt unbarmherzig.

In größter Not bekam er noch eine Schaufel des sich drehenden Mühlrades zu fassen, verkrallte sich darin, wurde mit dieser unten durchs Wasser gezogen, weitergedreht übers Rad gehoben und platschte auf der anderen Seite erneut ins Wasser.

Soweit konnte er seine Sinne noch zusammenbringen, dass ihm klar war, dass er, wenn er das Schaufelbrett losließ, vom Fluss mitgenommen würde und jämmerlich ertrinken müsste. Krampfhaft hielt er sich am Wasserrad fest. Doch die Mühle war wütend, sie gönnte ihm keine Verschnaufpause, und zog ihn unbarmherzig wieder und wieder, nacheinander einmal oben herüber durch die Luft, und dann wieder unten durchs Wasser. Immer wenn er gerade ansetzte, um Luft zu holen und einen Hilferuf auszustoßen, drückte ihn das elende Rad wieder ins Wasser, und statt Luft bekam er fast immer einen kräftigen Schluck Donauwasser ab.

Am Anfang lief das in gleichförmigem Tempo hintereinander ab. Zwischendurch gestand ihm seine Mühle eine Portion Luft zu, aber meistens war es Wasser, das er erwischte. Dadurch wurde der gute Tokajerwein in seinem Blut immer mehr ausgedünnt, und es gelang ihm, seine Gedanken im Kopf wieder besser zu ordnen.

Aber, das half nun nichts mehr. Die Mühle war wütend und blieb unerbittlich. Schon begannen seine Sinne zu schwinden, und Hilferufe konnte er nicht mehr hervorbringen.

Nacheinander entledigte sich die Mühle im Innern der lästigen Riemen, welche die Mahlgänge und Siebmaschinen antrieben. Das Wasserrad hatte immer weniger anzutreiben, lief immer leichter und schneller. Und mit zunehmendem Tempo ging es immer wieder und immer wieder rund ums Rad. Miklós betete, schimpfte, verfluchte sein verdammtes Rad, aber alle seine Laute gingen im gurgelnden Wasser unter, und schwammen die Donau hinunter, dem Schwarzen Meere zu.

Jedoch der Hilferuf, den ihm seine Mühle zugestanden hatte, war ja gehört worden. Ahnungsvoll hatte man sich schnell mit Laternen versehen, war zur Mühle geeilt, und suchte – es war stockdunkel – zu ergründen, was das eigenartige Geplätscher am Wasserrad zu bedeuten hatte.

Da sah man die Bescherung! Als der Müller wieder oben übers Rad gedreht kam, fasste ihn ein beherzter Mann am Hosenträger und zog ihn auf den Steg. Da lag unser erbarmungswürdiger Müller, betrunken oder ertrunken, wahrscheinlich beides, darüber war man sich nicht im Klaren. Das Wasser lief ihm aus Mund, Nase und Ohren. Man rüttelte und schüttelte ihn – er war wohl tot.

An einem großen Strom wie der Donau muss man mit dem Wasser zurechtkommen, man muss sich mit dem Wasser arrangieren, mit ihm leben. Dazu gehört auch, dass manchmal jemand ins Wasser fällt und sogar ertrinkt. Dazu gehört aber auch, dass man einen scheinbar Ertrunkenen nicht gleich aufgibt und immer wieder versucht, ihn ins Leben zurückzuholen. So auch jetzt.

Die Mannen packten den Müller an den Beinen, und stellten ihn auf den Kopf. Es lief wieder Wasser aus ihm heraus, aber es wurde weniger und hörte schließlich auf. Miklós tat einen tiefen Seufzer, nochmals kam Wasser aus ihm heraus gelaufen – und siehe da: Er regte sich! Er fing an zu atmen. Hurra, er lebte!

Und die Mühle? Sie plätscherte und lachte, dass das Wasser nur so um sie herum spritzte, und ihre Gedanken, die ihr zu Hauf durch den Kopf gingen, schwammen den Verwünschungen, welche ihr Mühlherr gemacht hatte, hinterher. Ganz langsam die Duna hinunter zum Schwarzen Meer.

Waren es Gedanken der Schadenfreude, der Erleichterung, oder gar des Glücks, wer wüsste es zu sagen? Wahrscheinlich doch Gedanken der Erleichterung, weil letztendlich alles so gut verlaufen war. Der Müller hatte einen tüchtigen Denkzettel verabreicht bekommen. Die Mühle war nicht boshaft, sie ließ den Müller überleben und hatte ihn nicht ersäuft. Sie konnte jetzt nur hoffen, dass es ihr in Zukunft besser ging.

Einige Zeit soll der Müller sich bemüht haben, alles in die Reihe zu bringen, aber intensives und ausdauerndes Arbeiten war nie seine Stärke gewesen, und so ließ der Arbeitseifer bald wieder sehr zu wünschen übrig, der alte Trott nahm seinen üblichen Lauf. Viel ist aus der Mühle damals nicht mehr geworden.

Die Wassernixen und Wasserhexen im Schwarzen Meer soll man seit jener Zeit in manchen Nächten ganz herzlich lachen hören. Sie finden immer wieder einen Müllerfluch oder ein Wasserradgelächter im Wasser herumschwimmen, stark verdünnt, wie zuletzt des Müllers Tokajer in seinem Blut. Sie sammeln diese Wortfetzen und Sprüche und setzen sie zusammen, und machen sich einen Reim daraus, was da oben wohl geschehen ist. Ich glaube fast, dass sie es waren, die mir diese Geschichte im Traum erzählt haben.

Heute ist sie eine Museumsmühle.

Der Müller, der Bauer und das Mostfass

Nicht gerade misstrauisch schien ein schwäbischer Bauer zu sein, der in einem obstreichen Jahr mit einem Müller zusammen Obst und ein Mostfass[1] kaufte. Jeder bezahlte die Hälfte.

Als es ans Verteilen ging, kam man überein, dass ein Mosthahn unten, ein zweiter genau in der Fassmitte angebracht wurde. Da dem Müller die untere Hälfte am liebsten war, nahm der Bauer die obere.

Beiden war nicht recht klar, warum der Teil des Bauern so schnell leer war, während der Teil des Müllers immer noch ganz ordentlich lief …

---

[1] „Most" – Schwäbische Bezeichnung für Apfelwein.

Eine arabische Mühlengeschichte

Einer Israeli abgelauscht und ihr nacherzählt

Ein angesehener Araber, ich habe seinen Namen vergessen, nennen wir ihn Usamah, kam mit einem schweren Sack Korn auf der Schulter nach Hause, und setzte diesen Sack im Frauengemach ab. Dort stand schon immer die alte Mühle, und hier wurde schon immer von den Frauen des Hauses das Korn zu Mehl gemahlen.

Und so befahl Usamah seiner Gemahlin Tabitha:

„Mahle das Korn auf unserer Mühle" – es war eine Handmühle – „zu feinem Mehl!"

Ganz entrüstet wies Tabitha das Ansinnen ihres Gemahls von sich, und sagte:

„Das ist schwere Arbeit, gehe zu der neuen Wassermühle, ganz in unserer Nähe gelegen, und lass dort dein Korn mahlen! Ich mahle es nicht mehr!"

„Auf dem Markt wird erzählt, dass das Mehl aus der neuen Mühle kein gutes Mehl ist.", sagte Usamah, „Und außerdem: Der Müller ist ein Betrüger!"

Und Tabitha dachte: „Und du bist ein Geizhals!", sträubte sich weiterhin, und sagte:

„Ich mahle das Korn nicht, geh zur neuen Mühle!"

Da packte der Mann seine Frau und zog mit ihr vor den Kadi.

Tabitha wusste, dass sie dort keine Hilfe zu erwarten hatte; und so war es auch: Der Kadi gab dem Mann recht. Gedemütigt, beschämt und hilflos stand sie da und war nun also dazu gezwungen, das Korn zu mahlen.

In ihrer Verzweiflung besann sich Tabitha ihrer außergewöhnlichen Schönheit, und zog blitzschnell, nur für einen ganz kurzen Augenblick, ihren Schleier vom Gesicht, und blickte den Kadi mit ihren großen, dunklen Augen an.

Der Kadi war überwältigt von so viel weiblicher Anmut. Und leise sprach Tabitha, ohne dass es Usamah hören konnte:

„Wenn mein Mann nicht da ist, besuche mich!"

„Hmm..."

Aber das Urteil war gefällt und blieb bestehen.

Trotzdem: Schon nach kurzer Zeit bot sich für den Kadi eine günstige Gelegenheit. Er wusste, dass Usamah, wie so oft, für längere Zeit in Geschäften unterwegs war, und ging zum Hause des Ehepaars.

Tabitha empfing ihn sehr freundlich, der Kadi war ganz beglückt, und sah sich seinem Ziel schon sehr nahe.

Plötzlich hörte man vor dem Haus das Stampfen von Pferden: Usamah war überraschend nach Hause gekommen. Schnell zog sich der dickleibige Kadi mit Tabithas Hilfe ein weites Frauengewand über. Sie setzte ihn an die Mühle und gebot ihm, das Korn zu mahlen.

Ihrem zurückgekehrten Ehemann erzählte sie, dass sie die Nachbarin zur Unterstützung der schweren Arbeit hergeholt habe.

Und der Kadi drehte die Mühle.

Der Schweiß floss ihm von der Stirn. Das Ehepaar hatte sich sehr viel zu erzählen, und der Kadi drehte die Mühle, dass alle seine Glieder schmerzten. Aber der Gesprächsstoff der Eheleute schien endlos zu sein.

Er drehte weiter.

Erst als Tabitha merkte, dass das Korn zur Neige ging sprach sie zu ihrem Gemahl:

„Geh schnell zum Markt und kaufe etwas ein, damit ich kochen kann, ich habe nicht mit dir gerechnet!"

Kaum war Usamah durch die Türe hinaus, schlüpfte der dicke, völlig erschöpfte Kadi aus seinen Frauenkleidern, und verschwand.

Nach einer gewissen Zeit war das Mehl aufgebraucht, und Usamah brachte erneut einen großen Sack Korn. Und wieder forderte er seine Tabitha auf, dasselbe zu mahlen. Die Frau wehrte sich wieder dagegen, und der Mann brachte sie, ebenso wie das letzte Mal, vor den Kadi.

Der träumte immer noch von den unergründlichen, dunklen Augen, in die er geblickt hatte, und zudem hatte er ja sehr eindrücklich zu spüren bekommen, wie schwer das Kornmahlen ist. Trotz aller Enttäuschung, die er mit Tabitha erleben musste, gab er dieses Mal der Frau Recht.

Miteinander gingen die beiden Eheleute nach Hause. Er beschämt, verärgert und böse, sie ganz vergnügt, weil sie mit ihrer List und ihrem Witz gleich zwei ach so gestandene, ehrenwerte Herren der Schöpfung in Verlegenheit gebracht und übertölpelt hatte!

Von Ölmühlen und Ölen

Ölmühlen sind alt. Schon in der Bibel, im Buche Hiob heißt es: „Sie zwingen sie, Öl zu machen auf ihren Mühlen."[1]

Die Hiobsgeschichte kann auf etwa 700 Jahre vor Chr. datiert werden, und somit ist diese Quelle rund 2700 Jahre alt. Es kann mit Sicherheit angenommen werden, dass es noch wesentlich ältere Quellen gibt, welche vom Ölschlagen und Ölpressen erzählen als die Hiobsgeschichte.

Für die Menschen sind pflanzliche, wie auch tierische Fette wegen des hohen Gehalts an schnell verwertbarer Energie lebensnotwendig.

Während im Mittelmeerraum der Ölbaum, und im Osten, im asiatischen Raum der Sesam die Öllieferanten waren, gab es in unserem kühlen Klima keine Ölgewächse. Die Jäger und Sammler bezogen ihr Fett aus Wild und Fisch. Und als sie sesshaft geworden waren, hielten sie Nutztiere, die ihnen Fett und Talg lieferten.

Erst als sie anfingen, Ackerbau zu treiben, wurden auch hier ölhaltige Pflanzen angebaut: Mohn und Leinsamen. Das Öl aus diesen Samen wurden gerne verzehrt, aber es reichte nicht aus, und als die Römer über die Alpen kamen und das Olivenöl mitbrachten, war dieses sehr gute, aber auch sehr teure Öl für normale Leute unerschwinglich.

Daher waren bis ins Mittelalter die tierischen Fette Talg und Schmalz unersetzlich.

---

[1] Hiob Kap. 24, Vers 11.

Die tierischen Fette waren recht einfach zu gewinnen: Man kochte den Speck der Schweine, das Fett schwamm nach oben, und die großen Fettaugen mussten nur abgeschöpft werden.

Ganz so leicht ging es mit dem Öl aus den Samen nicht. Die Samen mussten zuerst aufgebrochen werden, das heißt, sie mussten gestampft, zerquetscht werden. Wir hier in der Ölmühle stampfen die Ölfrüchte mit unseren „Strämpfeln" klein. Anderswo, zum Beispiel in Michelau, zerquetscht man die Früchte mit großen Mühlsteinen, mit einem sogenannten „Kollergang".

Wenn Öle warm oder gar heiß sind, werden sie dünnflüssiger. Wenn das Stampfgut angewärmt ist lässt es sich leichter auspressen. Man hat folglich eine höhere Ausbeute.

Man kann das Stampfgut auf ein Rosshaarsieb, das über einen siedenden Wasserkessel gespannt ist schütten und so erwärmen, oder in einer Pfanne über einem offenen Feuer warm machen. Weil das Gut am Pfannenboden leicht anbrennt, muss immer umgerührt werden. Das kann man von Hand machen, aber wir sind hier sehr modern eingerichtet und haben ein Rührwerk, das von der Turbine aus angetrieben wird.

Der alte Ölmüllers Fritz sagte mir, es müsse handwarm sein, also rund 40 Grad. Aber bei uns Hobby-Ölmüllern fließt da noch kein Öl. Wir müssen auf 70 bis 80 Grad erhitzen, wie unsere professionellen Kollegen es heute auch tun.

Jetzt das Auspressen: Darüber hat man sich wohl schon mehrere tausend Jahre den Kopf zerbrochen, und ist auf die verschiedensten Systeme gekommen.

Vielleicht die älteste Art ist die Torcular. Sie sieht wie ein großer Spätzleschwob aus. Die Platte, die den Spätzleteig durch die Löcher drückt, der Presskörper, war hier ein großer Stein, den mehrere Männer mit einem langen Hebel (Baum) anhoben, um darunter Platz für das zu pressende Gut zu schaffen. Dann wurde der Hebel, der 12 m lang sein konnte, von den Männern niedergedrückt.

Wir haben hier ein anderes System: Die alte, deutsche Schlägelkeilpresse, mit senkrecht stehendem Ölstock.

In einem senkrecht stehenden, mächtigen Baumstamm sind Aussparungen eingearbeitet, in welche das angewärmte Stampfgut hineingepackt wird. Dahinein wird, mit dem, vom Wasserrad angetrieben, schweren Ölschlägel, ein Keil hineingetrieben und somit das Öl ausgepresst. Durch einen seitlich eingearbeiteten Ablauf kann das ausgepresste Öl abfließen. Zurück bleibt der Ölkuchen.

Man denkt, wenn man Öl hört, zuerst an Speiseöl. Öl und Fett waren aber früher auch für Beleuchtungszwecke in Gebrauch. Denken Sie an Öllampen und Tranfunzeln.

Man darf nicht glauben, dass dieses schlechtere, unreinere Öle waren als die Speiseöle. Im Gegenteil: Wenn Schalen- und Faserteile enthalten waren, verkrustete der Docht, und die Lampen rauchten, rußten und stanken.

Verwendet wurde Öl aus Rübsen, Rübsamen, später aus Raps. Das Olivenöl, das Kohlsaat-, Mandel-, Schnittkohl- samenöl, das Senf- und Tabaksamenöl wurde verwendet. Man war immer auf der Suche nach dem idealen Lampenöl.

Um 1850 kam dann die Dampfmaschine so richtig zum Einsatz. Eisenbahnen wurden gebaut, das Maschinenzeitalter brach an.

Jetzt brauchte man Öle zum Schmieren, und zwar in recht großen Mengen. Nun kamen nacheinander hydraulische und Schneckenpressen zum Einsatz. Die Leistung stieg erheblich. Damit war die Ölmüllerei der handwerklichen Kleinbetriebe zu Ende. Jetzt begann das Zeitalter der industriellen Ölmüllerei.

Verwendet wurde zum Schmieren, zumindest anfangs, das Öl aus Rübsamen, Rübsen und Raps.

„Schmieren und salben hilft allenthalben. Hilft's net bei de Kärra, no hilft's bei de Herra!" – ein alter Spruch! Auch wenn er eigentlich auf die Bestechlichkeit der Obrigkeit gemünzt ist, zeigt er noch auf ein anderes Gebiet für den Gebrauch von Fett und Öl hin: Arznei, Heilmittel und Kosmetik.

Mein alter Freund, der Moserschreiner, erzählte mir einmal ganz genüsslich die Geschichte von einem Viehhändler, den er, nebenbei, gar nicht leiden konnte, der sein Vieh durch die Gegend trieb, und vom vielen Laufen oft einen ganz wunden Hintern bekam, den er dann mit einem ganz fetten Stück Rauchfleisch, das er stets bei sich trug, einschmierte. Nach mehrmaligem Gebrauch hätte er es immer seiner Frau zum Vespern untergejubelt.

Das Öl zum Auto- und Schlepperfahren wird mit Schneckenpressen aus Raps gewonnen. Das ersetzt inzwischen ja zum Teil schon das Dieselöl. Deshalb sehen wir auch im Frühjahr so viele gelb blühende Rapsfelder.

Noch etwas soll erwähnt werden. Wenn es auch kühn und anmaßend klingt, die köstlichen Düfte des Südens und des Orients – Arabiens und Indiens – gleichzeitig mit unserer urwüchsigen Brandhöfer Ölmühle zu nennen:

Schon allein die Namen von Lavendel- und Orangenblütenöl, Mandelblüten-und Rosenöl sind Träume, Märchen aus 1001 Nacht! Aber auch diese Duftöle müssen erst durch Destillation, durch Auspressen (Expression) oder andere Verfahren gewonnen werden.

Und ein Esslöffel Öl, auf eine bewegte Wasserfläche geschüttet, macht diese ganz glatt.

Ratten und Mäuse in der Mühle

„Gute Tiere", spricht der Weise,
„Musst du züchten, musst du kaufen,
Doch die Ratten und die Mäuse
Kommen ganz von selbst gelaufen."

Wilhelm Busch

„Ratten und Mäuse in meiner Mühle? Nein, bei mir nicht! Ich achte auf Sauberkeit! Ich sorge dafür, dass es keine dunklen Winkel gibt, wo sie sich aufhalten können! Früher vielleicht, aber heute?"

So ist meist die erste Reaktion, wenn man einen Müller nach Mäusen und Ratten in seiner Mühle fragt. Jedoch:

„Wo es Wasser und Korn gibt, da gibt es Ratten und Mäuse, und wenn ein Müller behauptet, in seiner Mühle gäbe es dieses Viehzeug nicht, dann lügt er." Das sagt einer, der viel in Mühlen herumkommt und es wissen müsste.

Aber welcher Müller wird das schon zugeben?

Wenn man aber der Sache nachgeht, und weiter fragt, dann kommen oft die tollsten Geschichten zum Vorschein.

Lebensweise

Als die Menschen noch nicht sesshaft waren, wurden sie von Ratten und Mäusen begleitet, und als sie sesshaft wurden und Samen ausstreuten, um Körner zu ernten und zu speichern, da waren die Ratten und Mäuse zur Stelle, nisteten sich ein und nahmen sich ihren Teil. „Das was uns das Ungeziefer übrig lässt, das bleibt uns zum Essen", sagte man früher. Das Anschlussbedürfnis an den Menschen ist ein hervorstechendes Merkmal der Ratten.

Der Weg der Menschheit wäre ohne Ratten und Mäuse anders verlaufen. Für seine Gesundheit und sein Wohlergehen mussten und müssen Hunderttausende von ihnen ihr Leben lassen. Für die Forschung sind sie unentbehrlich, vor allem für die Medizin werden viele Tiere geopfert, und müssen oft einen qualvollen Tod sterben.

Ratten leben in Gruppen, Männchen und Weibchen, zusammen. Sie markieren sich gegenseitig mit Urin, um den Zusammenhalt der Gruppe zu stärken. Sie sind extrem soziale Tiere und leben in Rudeln zusammen. Ein Rudel besteht aus 60 bis 200 Tieren.

Zwei Arten sind bei uns zu Hause: Seltener die schwarz-graue Hausratte, auch als Dachratte bekannt, und mehr die etwas größere, braune Wanderratte. Diese wird oft an Flussufern und manchmal auch im Wasser gesehen, und wird deshalb auch als Wasserratte bezeichnet.

Die Ratten besitzen einen Vormagen und den eigentlichen Magen. In letzteren mündet die Speiseröhre. Die beiden Mägen sind durch eine Schleimhautfalte voneinander getrennt. Diese Falte macht den Ratten das Erbrechen und Ausspeien von Speisen unmöglich, sie sind nicht in der Lage, Unverdauliches oder Giftiges wieder loszuwerden.

Die sehr anpassungsfähigen Tiere sind große Schädlinge in der Landwirtschaft, in Gartenanlagen, und natürlich in Mühlen. Außerdem übertragen sie die unterschiedlichsten Krankheitserreger. Genügend Gründe also, sie mit Hunden, Fallen und Giften zu bekämpfen.

Mäuse und Ratten in früheren Zeiten

Da ist die uralte Sage vom Rattenfänger zu Hameln. Seinen Flötentönen folgte im Jahr 1284 die unzähligen Ratten und Mäuse der Stadt hinein in die Weser und ertranken. Die Stadtväter verweigerten dem Retter den versprochenen Lohn, und der sammelte kurze Zeit später, als alle Erwachsenen in der Kirche waren, mit seinem Flötenspiel die Kinder ein, und führte sie in einen Berg, aus dem nie wieder eines zurück kam.

Im Brockhaus-Lexikon von 1839 findet man unter „Ratten" folgenden Eintrag:

> *„An keinem Orte in der Welt vielleicht haben sie sich so ungeheuer vermehrt, wie in der Umgebung der Scharfrichterei Montfaucon bei Paris, wo man endlich außerordentliche Anstalten zu ihrer Verminderung treffen mußte. Es wurde zu dem Ende ein ansehnlicher Raum mit Mauern umschlossen, welche unten zahlreiche, von außen zu verschließende Öffnungen haben und in denselben bringt man nun von Zeit zu Zeit die Cadaver von Thieren. Die Nacht über versammeln sich um diese tausende von Ratten, welche dann gegen Morgen, nachdem die vorher offenen Zugänge sorgfältig versperrt wurden, erschlagen und mit Hülfe großer Hunde getödtet werden, auf welche Weise in einem Monat schon über 16.000 erlegt worden sind."*

In der Müllerfachzeitung „Die Mühle" von 1866 ist von einem Abraham Stoer ein „Mittel zur Vertilgung der Feld – und Hausmäuse, Ratten etc." abgedruckt:

Ich nehme 12 Loth Phosphor, 3 Pfund Zucker, 2 Loth gemahlene Kurkuma, 3 Quentchen Anisöl und 4 Pfund Mehl. Dann werden 15 Maß Wasser siedend gemacht, in einem zweiten Geschirr wird der Zucker und das Mehl mit dem siedenden Wasser so eingerührt, dass es zu einem Brei wird, ähnlich einem Senfte, und unter beständigem Umrühren eine Stunde gekocht. Dann wird der Phosphor aus dem kalten Wasser genommen, in einem erwärmten Tiegel, in welchem zuvor 2 Maß siedend geschüttet worden sind, aufgelöst ist, wird er mit dem Mehlbrei vermischt, und die noch allenfallsigen aufsprühenden Flämmchen mit gesottenem Wasser gelöscht. Hierauf wird die Kurkuma dareingeführt, wenn die Masse etwas abgekühlt ist, das Anisöl zugeschüttet und Alles stark umgerührt. Die abgekühlte Masse wird sodann in beliebige Tiegel gefüllt, hermetisch geschlossen und zum Gebrauche aufbewahrt. Man schneidet einen Bündel Strohhalme zu ungefähr ein Fuß Länge, taucht eine Hand voll davon einen Zoll tief in die Masse und steckt oder legt in jedes Mauseloch am Felde ein oder zwei solcher eingetauchten Strohhalme. Die Mäuse sind sehr begierig danach, nagen daran und sterben einige Minuten, nachdem sie es genossen. In ganz kurzer Zeit ist ein ganzes Joch von diesem Ungeziefer befreit. Auf Fruchtböden, Kellern etc. werden kleine Stückchen Fleisch oder Brod in diese Masse eingetaucht und an verborgenen Orten umhergelegt, nach deren Genusse diese Thiere augenblicklich ihren Tod finden.

Allein diese wenigen Beispiele zeigen, wie unsere Altvorderen gezwungen waren, sich im täglichen Leben mit Mäusen und Ratten auseinander zu setzen.

Berühmt berüchtigt wurden die Ratten, als man anfing, mit hölzernen Schiffen die Welt zu erkunden. Mit Flöhen im Fell verbreiteten die mitfahrenden Haus- und Wanderratten die Pest über den ganzen Erdball. Die wirklichen Überträger waren gar nicht die Ratten, sondern die Flöhe. Von ihnen wurde die Krankheit auf den Menschen übertragen, und es kam zu den verheerenden Epidemien im Mittelalter.

Im christlichen Europa gerieten Ratten und Mäuse in den Verruf, Helfer und Verbündete der Hexen und Zauberer zu sein. Und da man schon immer glaubte, den Teufel mit dem Beelzebub austreiben zu können, griff man zu recht außergewöhnlichen, abergläubischen Methoden.

Hildegard von Bingen glaubte, mit Mäusen die Epilepsie vertreiben zu können. Andere meinten, eine getrocknete Maus, zu Puder gerieben, helfe denen, die das Wasser nicht halten können, und gegen Diabetes. Auf dem Balkan gelten heute noch neugeborene Ratten und Mäuse, in Olivenöl eingelegt, als Allheilmittel.

Im Mittelalter wollte man Feldmäuse durch geistliche Fürbitten oder besondere Bußtage vertreiben, kam aber mit der Zeit darauf, dass es besser ist, keine Füchse mehr zu jagen weil sie die natürlichen Feinde der Feldmäuse waren, und diese mehr dezimierten als die angeordneten Gebete der Kirche. Doch letztendlich sah man ein, dass Menschenmacht das Mäuseunwesen nicht steuern konnte, sondern dazu eine höhere Macht Grenze und Ziel setzten musste.

Hausmäuse lieben ganz besonders Getreide und Getreideprodukte wie z.B. Brot. Speck muss es nicht unbedingt sein, er kann aber als seltener Leckerbissen geschätzt und zum Fangen in Fallen sehr wirksam sein: „Mit Speck fängt man Mäuse".

Rattenwolf und Rattenkönig

Müller werden wenn es um Ratten und Mäuse in ihrer Mühle geht, unerbittlich, gnadenlos. Ratten werden mit allen möglichen und unmöglichen, auch äußerst abstoßenden Mitteln verfolgt und vertrieben. Rattengifte sind in der Mühle tabu, weil die Ratten, bevor sie verenden, sich in unzugänglichen Verstecken verkriechen, die Kadaver herumliegen, und einen fürchterlichen Gestank verbreiten, was für einen Lebensmittelbetrieb, nicht gerade wünschenswert ist. Deshalb wird versucht, sie lebendig zu fangen, und dann zu töten, oder, weil Ratten oft in Rudeln auftreten, sie aus der Mühle zu vertreiben.

Eine Möglichkeit ist, mindestens drei Ratten lebendig zu fangen, sie zusammen in einen Käfig zu sperren und ihnen nichts zum Fressen zu geben. Nach zwei bis drei Tagen beginnen sie sich gegenseitig an- bzw. aufzufressen. Diejenige die lebend übrigbleibt, wird freigelassen und rennt mit fürchterlichem Geschrei durch die Mühle und vertreibt damit alle übrigen Ratten. Diese Ratte wird als **„Rattenwolf"** bezeichnet. Bis jetzt wurde mir aber noch von keinem Müller erzählt, dass er selbst diese Methode tatsächlich angewandt hat.

Im alten Brockhaus-Lexikon findet sich noch ein weiterer
Eintrag über die Ratten:

*Eine besondere Merkwürdigkeit aus der Naturge-
schichte dieser Thiere ist der sogenannte Rattenkönig, der aus einer Anzahl mit ihren ineinander ge-
schlungenen, langen Schwänzen fest verwachsenen
Ratten besteht. Die früheren Erzählungen von dieser
Naturseltenheit, welche nachher bezweifelt wurden,
sind durch Erfahrung wieder bestätigt worden und
namentlich besitzt das Museum in Altenburg einen
solchen Rattenkönig, über dessen Entstehung man
aber bisher nur Vermuthungen hat.*

Dieser „**Rattenkönig**" hat mit Rattenvertilgung nichts zu
tun, beschäftigte aber die Fantasie der Menschen immer
wieder. Ein solcher Rattenkönig besteht aus mehreren
Ratten, die an den Schwänzen zusammenhängen. Die
Schwänze sind nie zusammengewachsen, sondern
ineinander verschlungen, verknotet und durch
Wundkrusten, Kot und Schmutz miteinander verklebt. Es
sind meistens halberwachsenen Tiere, die sich im Nest
putzen, dabei mit den Schwänzen spielen oder im Schlaf
ihre Schwänze ineinander verschlingen. Vor allem, wenn
sie dann aufgeschreckt werden, ziehen sie ihre Schwänze
blitzschnell straff, verknoten und verwunden sich. Die
Schwanzknäuel sind manchmal unentwirrbar und die
beteiligten Tiere können sich nicht trennen und müssen
verhungern. Fand man ein solches Knäuel wusste man
lange Zeit nicht was das überhaupt war und wie das
zustande kam.

Rattenbekämpfung

Noch einmal: Ratten und Mäuse in der Mühle, da gibt es Müller, die werden hysterisch. Sie werden, wie in uralten Zeiten, wieder zu vom Jagdfieber erfüllten Jägern. Und weil es ihnen die Ratten nicht leicht machen, wird die Jagd spannend, aber auch unbarmherzig, ja manchmal grotesk. Und wie bei Jägern und Fischern so üblich, kommen sie beim Erzählen gern zum Übertreiben, zum Jägerlatein.

Um Ratten zu vertilgen ist alles erlaubt. Da vergessen sie sogar, dass sie ja in ihrer Mühle gar keine Ratten haben.

Nun, was wird von den Müllern erzählt, was haben sie mit Ratten und Mäusen erlebt?

Für Tierfreunde und Tierschützer sind die nun folgenden Berichte nicht geeignet!

80C3

Hilde Becker von der Geradstettener Mühle, an der Rems gelegen, erinnert sich, dass es in ihrer Kindheit viele Ratten zu sehen gab. Vom Wehr her, über den Fluss und über den Mühlkanal kamen sie, und durch die Öffnung vom Turbinenantrieb auf die Haupttransmission im Mühlengebäude, drangen sie in die Mühle ein.

Sie erzählt, dass einmal gegen die Rattenplage mit den herkömmlichen Mitteln: Hunde, Katzen, Fallen, Gift, nichts helfen wollte. Da kam eines Tages ein etwas zweifelhafter Mann zur Mühle und versprach die Ratten allesamt zu vertreiben. Er fing eine Ratte und „bitschierte" (petschieren = mit einer Petschaft verschließen) ihr mit Siegellack den Hintern zu. Hilde durfte damals nicht zusehen, aber sie hat bis heute, 70 Jahre später, den Ausdruck „zubitschiert" immer noch nicht vergessen. Sie erinnert sich an das laute

Geschrei des Tieres und daran, dass die Ratten zumindest für einige Zeit verschwunden waren. Das würde auch dazu passen, dass sich die Ratten nicht erbrechen und nichts ausspeien können. Von Mäusen weiß Hilde Becker nichts zu erzählen.

⁖⁗

Die Müllerin der ehemaligen Eisenschmiedmühle an der Murr erzählt:

Immer wieder werden im noch vorhandenen Wasserdurchlauf der ehemaligen Turbinenkammern Ratten gesehen. Seit sie und der einzige Nachbar keine Katzen mehr haben, wird verstärkt Gift gelegt. Aber eine Mühle ohne Ratten kann sie sich nicht vorstellen. An der Murr, am Fornsbach, und im ehemaligen Mühlkanal sind immer wieder Ratten zu sehen. Von Mäusen wird keine Notiz genommen.

Auch sie weiß ein grausames Mittel, die Ratten zu vertreiben: Einer lebendigen Ratte eine Stricknadel quer durch den Bauch gesteckt bringt sie zum Schreien und wenn sie dann losgelassen wird vertreibt sie mit ihrem Geschrei alle anwesenden Ratten.

⁖⁗

Karl Stolz von der Dörzbacher Ölmühle – diese befindet sich auf einer Insel in der Jagst – erzählt, dass alle paar Monate einmal Ratten auftauchen, und in die Ölmühle, in der nur noch zur Schau Öl geschlagen wird, hereinkommen. Er hat an einem bestimmten Platz nebeneinander zwei Schnappfallen stehen, da kommen sie nicht daran vorbei und werden fast immer gefangen. An der danebenliegenden ehemaligen Getreidemühle füttert der alte Müller seine Hühner. Dort sind oft Ratten zu sehen.

Als Fischer beobachtet Karl Stolz Ratten am Ufer der Jagst, sehr selten auch im Wasser schwimmend.

In seinem alten, längst abgerissenen Haus gab es viele Zwischenböden. Darin hielten sich immer Ratten auf, und machten nachts einen fürchterlichen Krach. Ein Abwasserrohr vom Haus endete 100 Meter weiter direkt in der Jagst. Dieses Rohr war der ideale Zugang zum Haus.

⁝

Der Voggenbergmüller erzählt: Beim Herausreißen eines Stallbodens kam ein ganzes Rudel junger Ratten zum Vorschein. Auch sie hatten über ein Abwasserrohr Zugang zum Bach, zur Rot. Er verwendet kein Rattengift und von den modernen Ultraschallgeräten hält er wenig. Hinter aufgestellten Säcken werden Ratten nicht erreicht. Wenn er in der Mühle eine Ratte bemerkt, wird solange etwas unternommen, bis sie gefangen oder vertrieben ist. Grundsätzlich empfindet er Ratten und Mäuse heute nicht mehr als eine Plage, derer man sich nicht erwehren könnte.

⁝

Elfriede Weller von der Hundsberger Sägmühle weiß noch aus der Zeit, als ihr Großvater im unter der Sägmühle gelegenen Stockwerk eine Haferstampfe betrieb. Damit wurde Hafer und Gerste zu Schweinefutter gestampft. Das Korn wurde von den kleinen Bauern in Säcken angeliefert und neben der Stampfe, wie auch das gestampfte fertige Gut, gelagert. Nur ein paar Schritte daneben fließt der Bach, und aus dem nahen Wald und den Wiesen kamen manchmal Mäuse in Scharen. Ratten waren selten. Die Säcke stellte der Großvater mit so viel Abstand auf, dass Katzen dazwischen durchschlüpfen konnten.

126

Die Ratten wurden vom Großvater mit speziellen Kistenfallen lebendig gefangen. Schnappfallen wurden der Katzen wegen nie verwendet.

଼ଔ୧

Fritz Bareiß von der Ebersbergmühle hat in den verschiedenen Mühlen, in denen er gearbeitet hat, wenig mit Ratten zu tun gehabt. Sie sind nie als große Plage empfunden worden. Wenn Ratten da waren, dann meist in den Ställen und Scheunen, die zur Mühle gehörten.

Er hat aber einmal eine Ratte mit einer Mistgabel aufgespießt und hat sie verbluten lassen. Das „Zubitschieren" des Hinterteils mit Siegellack ist ihm auch bekannt.

଼ଔ୧

Der Müllermeister Manfred Thiel von der Seemühle in Unterweißach scheint im Laufe der Zeit aus der Rattenbekämpfung eine ganze Philosophie entwickelt zu haben.

In seinem alten Mühlengebäude halten sich in den Zwischenböden die Tiere auf, und lassen sich nur ganz schwer daraus vertreiben. Er beteiligt sich mit seiner Mühle an einer Qualitätssicherung und muss deshalb alles was mit Hygiene zu tun hat, und dazu gehören auch Ratten- und Mäusebefall, dokumentieren. Liegt irgendwo eine verendete Ratte fängt diese nach kurzer Zeit an widerlich zu stinken. Aus diesem Grund werden zur Rattenbekämpfung nur Fallen und Ultraschallgeräte, jedoch nie Gift eingesetzt. Er hat spezielle Fallen die von unten einen Dorn auslösen und die Ratte sicher töten.

Thiel hat beobachtet, dass Ratten und Mäuse sich immer an Wänden entlang bewegen. Er stellt Bretter auf, so dass sich

127

Gänge bilden. Am Anfang und Ende stellt er ein oder auch mehrere Fallen auf, und hat damit fast immer Erfolg. In den offenen Raum hinein gehen Ratten und Mäuse nach seinen Beobachtungen, nicht.

Eine Ratte schreit, wenn sie in Nöten ist sehr laut und vertreibt damit die Artgenossen. Er bekämpft sie „psychologisch". Er fängt sich eine Ratte und quält sie, so dass sie schreit. Er erzählt, wie er einmal eine Ratte gefangen hat, und in einen Käfig sperrte und immer mit ihr gesprochen hat, ihr aber nichts zu fressen gegeben hat. Er sagte ihr, dass sie in seiner Mühle nichts verloren habe und behauptet tatsächlich, dass sie ihn sehr wohl verstanden habe und ihm sogar geantwortet habe. Am 3. Tag ging sie mit lautem Geschrei vor Hunger ein. Bei Ratten könne er sehr herzlos sein. Da kennt er keine Gnade.

Die vertriebenen Ratten tauchen oft bei den Bauern in der näheren Umgebung auf. Er ist der Meinung, dass Ratten und Mäuse sehr wohl zusammen vorkommen, und meist aus den umliegenden Wiesen zu bestimmten Zeiten, vor allem im Herbst, in die Mühle hereinkommen.

☙❧

Der alleinstehende Meuschenmüller, Karl Grau, ist ein großer Tierfreund. Hühner und Katzen, Enten und Gänse, Rindviecher und Schweine, und natürlich seine Hunde, die braucht er um sich.

Die Tiere wollen alle fressen und deshalb findet man überall Futter, das zieht Ratten und Mäuse an. Aber Mäuse und Ratten, da ist Karl ganz Müller, die duldet er nicht.

Die Mäuse werden von den vielen Katzen kurz gehalten, und manchmal hat er einen Kater, der die Ratten packt.

Wird der aber von einer Ratte angegriffen oder gar gebissen, dann geht er nie mehr an eine Ratte.

Meistens halten sich die Ratten im Stall auf, aber es lässt sich nicht vermeiden: sie kommen auch ins Haus und in die Mühle.

Die Getreidesäcke stellte Karl immer so auf, dass Katzen und Hunde zum Durchkommen Platz haben. Hunde reißen in ihrem Jagdeifer oftmals die Säcke auf, und der Schaden ist größer als zuvor. Von einem grauen Schnauzer erzählt er, wie der oft Ratten fing und sie solange schüttelte, bis sie tot waren.

Karl berichtet von einem Wolkenbruch. Einige Straßenarbeiter flüchteten sich zu ihm in die Küche. Bei einer Flasche Bier unterhielten sie sich sehr anregend. Draußen tobten das Wetter und noch mehr seine beiden Schäferhunde. Sie bellten und waren nicht zu beruhigen. Als der Regen nachließ und sie nachschauten, lagen vor dem Hühnerstall acht tote Ratten. Der Stallboden war teilweise unterhöhlt und dort war ein Rattennest. Der starke Regen setzte das Nest unter Wasser, trieb die Ratten aus ihrem Versteck und die Hunde fingen sie ab, als sie nacheinander herauskamen.

෨ඥ

Eine widerliche Geschichte erzählt der alte Zimmermeister Gustav Elser aus Murrhardt, Jahrgang 1929. Sein zwei Jahre jüngerer Cousin wohnte seinerzeit, in den 30er und 40er Jahren des 20. Jahrhunderts mit seinen Eltern in der im weiten Umkreis bekannten Rümmelinsmühle.

Das große Mühlengebäude, einige Jahrhunderte alt, mit An- und Einbauten, und vielen Zwischenböden, sowie mit etlichen Nebengebäuden wie Ställe, Scheunen und ein

Backhaus, war der ideale Aufenthaltsort für Ratten. Die Mühle wird mit einem Wasserrad vom Dentelbach, der kurz danach in die Murr mündet, angetrieben. Dazu kam noch ein weiteres: 200 Meter oberhalb an der Murr gelegen war die große Murrhardter Gerberei und Lederfabrik Schweizer. In den Kellern der Gerbereien wurden immer viele rohe Tierhäute eingelagert. Daran befanden sich Reste von Fleisch und Fett. Ein Paradies für Ratten! Lief dies Paradies über, war der nächste Weg der überzähligen Ratten zur Mühle. Und dort konnte man sich des Ungeziefers kaum erwehren. Gustav war oft bei seinem Vetter.

Sein Großvater muss sein sehr robuster Mann gewesen sein und war dafür bekannt, dass er auf seine Art imstande war, Ratten aus Gebäuden zu vertreiben. Mit einer speziellen Kastenfalle, die er selbst konstruiert hatte, wurde eine Ratte lebend gefangen. Er fasste sie mit Gummihandschuhen, steckte sie in einen Käfig aus dem nur der Schwanz herausschaute. Damit ging er aufs oberste Stockwerk der Mühle und begann dort mit der Beißzange den Rattenschwanz Zentimeter um Zentimeter abzuzwicken.

Die Ratte fing laut an zu schreien und der Großvater ging langsam, eiskalt, herzlos, schwanzabzwickend, die Mühlentreppen Stockwerk um Stockwerk hinunter bis in den Keller. Dort wo der Dentelbach aus der Wasserradkammer ins Freie trat, stand Gustav und der Vetter auf einer kleinen Brücke und warteten.

Die Ratten kamen dann auch immer in Blocks ange-schwommen wie die Soldatenformationen im zweiten Welt-krieg. Immer Blocks mit sechs bis acht Ratten nebeneinan-der und genauso viele hintereinander. Die hinteren mit der Schnauze am Schwanz der vorausschwimmenden. Dann kam, nach einem Abstand der nächste Block. Das war immer so und die Buben warteten darauf, wenn der Großvater in der Mühle sein widerliches Werk zelebrierte. Es war ein richtiges Ritual, das so jedes Mal ablief. Wo die Ratten hinschwammen, kann Gustav nicht sagen.

Als Gustav dann älter war, machte er es seinem Großvater, der inzwischen gestorben war, nach und vertrieb ebenfalls die Ratten. Gustav war Jäger – vielleicht ist auch ein bisschen Jägerlatein dabei!

In der etwas außerhalb Murrhardts gelegenen Schwarzenmühle gab es während des 2. Weltkriegs eine starke Rattenplage. Da bat der Schwarzenmüller Gustav, für ein Säckle Mehl, nach der Methode seines Großvaters ebenfalls die Ratten aus der Mühle zu vertreiben. Er machte es wie der Großvater; die Ratten waren verschwunden.

Als er einige Zeit später im Städtle den Schwarzenmüller traf, sagte dieser zu ihm, er solle kommen und sein Säckle Mehl abholen, solle aber ja niemand etwas davon erzählen. Die ganzen Ratten seien jetzt beim Läpple im Hasenhof, und der könne sich nicht erklären, wo diese auf einmal herkämen.

Gustav erzählt auch davon, dass den Ratten mit Siegellack „der Arsch zugebitscht" werde. Er verwendet die gleichen Ausdrücke wie Hilde Becker. Von Mäusen in der Mühle weiß er nichts zu erzählen. Er vermutet, dass wo Ratten sind, keine Mäuse sind. Welche Art Ratten es waren, weiß Gustav nicht – ob Haus- oder Wanderratten.

‽ℂ℈

Ganz anders, aber nicht weniger aufregend, verlief einmal eine Rattenbekämpfung bei Christl Braun in Dörnthal im Erzgebirge.

Christl betreibt eine moderne, gut gehende Ölmühle, und verarbeitet jede Woche viele Tonnen Leinsamen zu Leinöl. In Silos wird viel Leinsamen gespeichert. Und Leinsamen, das scheint ein Leckerbissen für Ratten zu sein. Dazu plätschert noch der Haselbach um die Mühle – einfach ein Rattenparadies!

Und darum lässt Christl, normalerweise einmal im Jahr, bei Bedarf auch öfter, einen offiziellen Kammerjäger Gift auslegen.

Viele Jahre kam immer derselbe Mann, der wusste alle Plätze und Christl ließ ihn machen, sie kümmerte sich nicht um ihn.

Doch einmal kam ein anderer Mann. Auffällig groß und recht steif. Zuerst musste Christl seine Krankheitsgeschichte anhören – von einem Bandscheibenvorfall erzählte er – und dann musste sie mit ihm durch die ganze Mühle gehen und die Plätze zeigen, wo die Köder ausgelegt werden sollten.

Sie kamen in einen dunklen Raum, darin lagen gebrauchte Säcke und Verpackungsmaterial und da wurden immer wieder Ratten gesehen, da musste unbedingt Gift ausgelegt werden.

Als sie den Raum betraten und das Licht anknipsten sahen sie auf den Säcken eine auffällig große Ratte sitzen. Christl hat Angst vor Ratten, ihr blieb beinahe das Herz stehen. Auch der gute Kammerjäger stand wie angewurzelt.

Christl rief: „Da sitzt eine Ratte, bitte unternehmen sie was!", und weg war sie.

Der Kammerjäger hatte aber noch größere Angst, und war auf einmal gar nicht mehr so unbeweglich. Er ließ Ratte Ratte sein und rannte vor Schreck an Christl vorbei.

Die Auseinandersetzung zwischen den Beiden die nun folgte, in reinem erzgebirgischem Dialekt, hätte ich zu gerne mitangehört!

ဆာ

Siegfried Friese aus Lemgo in Westfalen hat sehr oft Probleme mit Ratten und Mäusen in und um seine Mühle. Mäuse bringen vor allem die Bauern mit, wenn sie Getreide abliefern. Dafür hat er Katzen, auch herumstreunende, die halten die Mäuse kurz. Die Landwirte sind noch mehr geplagt, als die Müller. Die Ratten kommen bei Dunkelheit aus den Wiesen und Feldern über den Hof, oder im Fluss und im Mühlkanal angeschwommen, klettern aus dem Wasser am Mühlengebäude hoch, und suchen sich einen Zugang über den Turbinenantrieb zur Mühle, im Winter immer mehr als im Sommer.

Silos sollten von der Wand immer so viel Abstand haben, dass Katzen oder Hunde durchkommen und sie vertreiben können.

Mit Hafermüsli und Maismehl füttert er die Viecher an, um sie mit dem Luftgewehr abzuschießen. Es ist aber oft nicht durchschlagkräftig genug. Maismehl scheint das Lieblingsfutter zu sein.

In einer ausgedienten hölzernen Fördertrogschnecke bemerkte Siegfried einmal Ratten. Er zeigte seinem Schnauzerhund den Auslauf, und drehte langsam an der Schnecke. Fünf Ratten kamen nacheinander heraus und der Hund packte sie, wie sie herauskamen und schüttelte sie zu

Tode. Einmal hatten diese über Nacht fünf oder sechs Säcke mit Maismehl angefressen.

Er hatte einmal einen großen Kater, der packte die Ratten. Hunde reißen in ihrem Jagdeifer Säcke, vor allem Papiersäcke, auf und machen dabei oft mehr kaputt, als die Ratten. Mit Papierschnitzel legen die Ratten gern ihre Nester aus. In letzter Zeit sind die Ratten wieder einmal eine richtige Plage. Er verwendet deshalb auch wieder vermehrt Gift. Aber es liegen dann überall tote Ratten herum.

In neuerer Zeit hat man viel geforscht und entsprechende Gifte entwickelt. Trotzdem tauchen immer mal wieder an verschiedenen Orten Ratten und Mäuse massenhaft auf.

⁎⁎⁎

Schließlich noch ein Zeitungsbericht aus Spanien vom Juli 2007:

Madrid. Spanien leidet unter der schlimmsten Feldmaus-Plage seiner Geschichte. Am stärksten betroffen ist die Gegend der Region Kastilien. Die lästigen Nager hätten dort ganze Gersten- und Maisfelder kahl gefressen und schwere Schäden in der Landwirtschaft angerichtet. Experten schätzen, dass derzeit mehr als 300 Millionen Tiere in der Region ihr Unwesen treiben.

Müllersprüche zu Ratten und Mäusen

Eine Mühle, in der die Ratten und Mäuse mit verweinten Augen die „Behnestieg"[1] herunter kommen, ist keine gute Mühle.

ᨠᨣ

Lieber eine Herde Mäuse in der Mühle als eine Katze![2]

ᨠᨣ

G'schmäcker sind verschieden: D' Katz mag d' Maus.

---

[1] Bodentreppe

[2] Über in loses Getreide gemachten Häufchen sind die Müller nicht sehr erfreut!

Die Geistermühle
Ein Mühlenmärchen

In einer tief eingeschnittenen Waldschlucht lag seit undenklichen Zeiten die alte Wassermühle der Familie des Mühlenpeter. Früher war es einmal die „Waldmühle" gewesen. Warum sie, nachdem sie einmal einige Monate stillgestanden hatte, auf einmal „Geistermühle" genannt wurde, das wusste bis heute keiner zu sagen.

Doch nun will ich ein altes Geheimnis lüften, und erzählen, wie sie in jener Zeit – es ist schon viele Jahre her – zu diesem Namen kam.

৪৩৫৪

Weil der Wasserzufluss in regenarmen Sommern und trockenen Herbsten oft sehr spärlich war, wurde vor langer Zeit oberhalb der Mühle ein ganz ansehnlicher Weiher angelegt, in dem das Wasser des kleinen Baches für längere Zeit gespeichert werden konnte. Damit konnte dann auch in trockener Zeit immer noch Korn gemahlen werden. Im See tummelten sich dicke Karpfen und schnelle Hechte, das Neunauge und noch manch andere Fischart.

Zur Zeit des Mühlenpeter galt nicht nur das eigentliche Mahlwerk als gut eingestellte Mühle, alle Teile, die sich drehten und bewegten, waren gepflegt und in bester Ordnung. Auch die Wege, die zur Mühle führten – ein schmaler Treidelpfad wird heute noch der Eselsweg genannt – sowie natürlich die ganzen Wasseranlagen: Der Mühldamm,

Wehre, Fallen, Schleusen und Rinnen waren alle in bestem Zustand gehalten. Und was das Mahlen anbetraf, konnte Mühlenpeter nie auch nur die geringste Unregelmäßigkeit oder gar Unehrlichkeit nachgesagt werden. So wie das Korn zur Mühle gebracht wurde, so wurde es gemahlen, und den Bauern ihr Mehl zurückgegeben.

Doch bei aller Rechtschaffenheit und allem Fleiß: Es gab eine kurze, geheimnisvolle Zeit, in der irgendetwas mit der Mühle nicht stimmte, ein Geheimnis auf das Mühlenpeter nie angesprochen werden wollte. Und das war eben der Zeitpunkt an dem aus der „Waldmühle" die „Geistermühle" wurde.

In demselben, für Peter so schwierigen Jahr, von dem ich nun erzählen will, hatten die Bauern vor Weihnachten viel Korn zum Mahlen gebracht, damit die Bäuerinnen genug feines, weißes Mehl für ihr Weihnachtsgebäck in ihren Mehltruhen hatten. Aber nun waren schon einige Wochen ins neue Jahr gegangen, und kein Bauer brachte Korn zur Mühle. Scheinbar waren die Frauen in diesem Jahr mit ihrem Weihnachtsmehl sehr sparsam umgegangen. Peter hätte sehr wohl Arbeit gebrauchen können.

Als jedoch die Tage etwas länger wurden und Lichtmess im Kalender stand, da sah es aus, als wären die Bauern aus ihrem Winterschlaf erwacht, und brachten nun einer nach dem andern, Sack um Sack Getreide zur Mühle.

Peter hatte schnell noch seinen Mahlgang auseinander genommen, hatte die Mahlsteine nach dem Richtscheit mit dem Kronhammer peinlich genau geebnet und mit der Bille Luftfurchen und Sprengschärfen nachgehauen. Er hatte den ganzen Tag hart gearbeitet, war müde und hatte genug. Am

nächsten Morgen wollte er den Gang noch zusammen-
bauen, um dann gleich mit dem Mahlen zu beginnen. Die
Bauern drängten, sie wollten ihr Mehl haben.

Nach getaner Arbeit verriegelte er die Mühlentür – das
wusste er nachher ganz bestimmt, ging zu Bett, und schlief
die ganze Nacht in einem Zug durch.

Als er am andern Morgen in aller Frühe aufstand – bis seine
Frau Gretel herauskam und das Frühstück gerichtet hatte,
wollte er mit allem fertig sein – schlug ihm, als er vom Öhrn
aus die Mühle betrat ein kalter Luftzug ins Gesicht. Die
Mühlentür stand sperrangelweit offen! Auf dem Biet lag
alles durcheinander und er sah, mit dem ersten Blick, dass
seine beiden Mahlsteine verschwunden waren. Als er
genauer nachsah musste er feststellen, dass auch sämtlich
Eisenteile – die Steinschale und die Steinhaue, das
Mühleisen mitsamt Trieb und Spurzapfen, sowie der
Aufhelf mit der Spurpfanne – nicht mehr da waren. Er
machte sich sogleich auf die Suche, doch schon nach kurzer
Entfernung verloren sich alle Spuren im Sand.

Peters Mühlsteine waren weg!

Vor seinen Bauern versuchte Peter die ganze Angelegenheit
so gut es ging zu verbergen. Jedoch, es sprach sich schnell
herum, dass in Peters Mühle etwas sehr ungewöhnliches
passiert sein musste. Peter war jeden Tag unterwegs und
suchte ruhelos seine Steine und hörte sich um. Er ging
hinaus aufs Land, sie waren nicht da. Er suchte auf Bergen
und in tiefen Schluchten, er fand sie nicht. Sein Mahlwerk
blieb verschwunden.

Er ließ keinen Bauern in seine Mühle schauen, aber das
Korn mahlen konnte er nicht und weil es nicht anders ging
musste er, schweren Herzens den Bauern das Korn

ungemahlen zurückgeben. Wo hatte es so etwas schon einmal gegeben? Sie suchten andere Mühlen in der Nachbarschaft auf, und um Peter wurde es immer einsamer.

Er versuchte alles! Immer wieder suchte er den Mühlarzt Gottfried auf. Der kam überall in allen Mühlen herum, und kannte sie alle in- und auswendig. Doch Peters Mühlsteine, die er sofort wieder erkannt hätte, waren nirgendwo aufgetaucht.

Er schaute in Scheunen und Schuppen, ob sie nicht irgendwo versteckt waren. Aber nichts, gar nichts!

Da sagte der Mühlarzt eines Tages so nebenbei: „Am besten du gehst einmal zum Eulenbauer nach Krottenwinkelbach, der soll bei solchen Angelegenheiten helfen können.“

Entrüstet lehnte Peter ab. Auch seine Gretel wollte davon nichts wissen. Der finstere Kleemeister war weit und breit bekannt, und es hieß, dass er mit dem Teufel im Bunde stehe. Gretel hatte von einer Kräuterfrau, die jedes Jahr einmal daherkam, um Samen, Tee und allerhand Kräuter zu verkaufen, von diesem finsteren Mann gehört.

Doch als nun schon das Frühjahr in den Sommer überging, und sich immer noch nichts gezeigt hatte, schob Peter seine guten Vorsätze zur Seite, und sagte nach einer durchwachten Nacht zu seiner Gretel: „Jetzt gehe ich zum Eulenbauer, soll passieren was will!“

Gretel war auch schon zu dem Schluss gekommen, und hatte sich heimlicherweise bei der Kräuterfrau kund gemacht, wie es wohl beim Kleemeister aussah und zuging. Diese riet ihr, ihrem Mann auf jeden Fall eine Unruhe, zum Beispiel drei blanke Fischköpfe, je einen von einem Karpfen, von einem Hecht und einer Schleie, in die

Jackentasche zu stecken. Sie standen jeweils für Gott Vater, Gott Sohn und Gott Heiliger Geist. Zuvor solle er diese noch einige Stunden in Salzwasser legen. Diese immer wieder durcheinander geschüttelt erzeugen eine Unruhe, die alle bösen Geister und sogar den Teufel selbst nervös, und vor allem unaufmerksam machen. Mehrere Knoblauchzehen in der Hosentasche waren ebenfalls ein guter Schutz gegen allerhand Ungemach und böse Geister.

Peter machte sich also ein paar Tage später, so wohl versorgt, an einem Vormittag auf den Weg nach dem gut drei Stunden Wegs entfernten Krottenwinkelbach, zum Kleemeister. Er fand den Hof, der vor allem als Abdeckerei bekannt war, wie beschrieben an einem schnell fließenden Bach gelegen. Als er ankam hatte der Kleemeister gerade Besuch von ein paar finsteren Gesellen. Es hieß, dass solche von Zeit zu Zeit hier zusammenkamen, um über bestimmte, für sie unangenehme Personen, Gericht zu halten.

Als er Peter ansichtig wurde, kam er ihm entgegen und fragte nach seinen Wünschen. Peter erzählte sein Missgeschick. Der Eulenbauer verstand und sagte, er habe jetzt keine Zeit. Er solle jetzt zurück nach Hause gehen, und solle am andern Morgen um neun Uhr wieder da sein, dann könne er ihm Rat geben.

Es war schon später Nachmittag, und Peter verspürte keine große Lust heute noch weit zu gehen, schon gar nicht bis nach Hause. Er schlich sich in eine Streuhütte, die zum Eulenhof gehörte, da wollte er die Nacht herum bringen.

Schlaf wollte sich bei ihm nicht einstellen. Er hörte, wie die unheimlichen Gesellen zu später Stunde, wie es sich anhörte, im Streit auseinander gingen. Bald darauf, es war kurz vor Mitternacht, bemerkte er, wie der Eulenbauer aus seiner Haustüre kam und zum Bach trat. Da war eine große Steinplatte in den Boden eingelassen, das war offensichtlich eine dem Teufel geweihte Stätte. Dort murmelte er etwas vor sich hin, entnahm etwas seiner Jackentasche und streute es ins Wasser. Er hob noch ein paar faustgroße Steine vom Boden auf und warf diese ebenfalls ins Wasser.

Da begann im nahen Dorf die Kirchturmuhr zwölf Uhr, Mitternacht, zu schlagen. Mit dem letzten Glockenschlag schrie er mit lauter Stimme in den nahen Wald hinaus:

„Grüner Jäger, komm!"

In der Ferne wetterleuchtete und donnerte es. Das Wasser brauste, ein Sturmwind kam auf, dass sich die Bäume bogen, und schon stand der Böse beim Eulenbauer und fragte nach seinem Begehr.

Der erzählte ihm von Mühlenpeters großer Not, und bat ihn um Rat und Hilfe. „Es stinkt hier nach Knoblauch und in einer Jackentasche stecken ein paar ganz unruhige, eklige Dinge, die müssen verschwinden. Und überhaupt hört uns einer zu und kann uns sehen. Sorge dafür, dass diese Ohren gestopft und die Augen ausgestochen werden, dann will ich dir sagen wo die Mühlenteile sind."

Jedoch der Kleemeister ließ sich nicht abweisen. „Du musst mir helfen. Ich habe vorhin mit meinen Gefährten so großen Ärger gehabt, ich brauche einen Erfolg, mein Ruf als Hexenmeister steht auf dem Spiel!"

Peter in seinem Versteck hörte alles mit an. Es wurde ihm immer unheimlicher. Auf was hatte er sich nur eingelassen?

Der Teufel flüsterte dem Kleemeister etwas ins Ohr und war verschwunden. Der Kleemeister ging in sein Haus zurück und verschwand ebenfalls.

Dann war es totenstill.

Am andern Morgen, kurz vor neun Uhr erhob sich Peter, prüfte, ob noch alles in seinen Taschen war, schüttelte die Fischköpfe kräftig durcheinander. Die Knoblauchzehen! Ja sie waren da. Dann ging er zum Eulenbauer hinüber.

Der war ganz außer sich. „Was du gemacht hast,“ schrie er Peter an, „das geht auf keine Kuhhaut!“ Dann gab er ihn aber folgenden Rat:

„Sei morgen früh um neun Uhr oben auf der alten Kohlhaldenstraße. Da stehen drei alte Eichen am Wegrand, darunter ein altes Feldkreuz aus Stein, dahinter versteckst du dich. Bald wird ein eigenartiges Fuhrwerk vorüberfahren, bespannt mit einem Pferd, das lahmt, und einem alten Ochsen, der kaum zu gehen vermag. Auch der Fuhrknecht ist nicht mehr gut beieinander. Folge diesem Gefährt mit großem Abstand, so dass du nicht bemerkt wirst.

Nach einer halben Stunde Wegs wird das Fuhrwerk links in einen fast unsichtbaren Weg einbiegen. Folge weiterhin. Der Mann kommt mit seinem Fuhrwerk an einen Bach, dem wird er ein Stück folgen. Dann kommt er an eine Stelle, die für den Bau einer Mühle gut geeignet ist. Dort hat er deine Mühlsteine und alles andere unter Gras und Reisig verborgen. Dort will er eine neue Mühle bauen.

Trete blitzschnell zu ihm, stecke Pferd und Ochsen eine Knoblauchzehe ins Maul, schüttle deine Fischköpfe immerzu und gehe auf den Mann los. Der wird dir in allen Dingen gefügig sein.

Denk daran: Es gibt gewaltige Mächte zwischen Himmel und Erde, zwischen Gut und Böse, die wider einander streiten, und sich gegenseitig zu Fall bringen möchten. Pass auf, dass du nicht zwischen die sich schnell drehenden Mühlsteine gerätst, und von ihnen zermahlen wirst. Deshalb merke dir alle meine Anweisungen und befolge sie sehr genau. Und jetzt verschwinde!"

Das ließ sich Peter nicht zweimal sagen. Aber was sollte das alles heißen?

Peter war ganz verstört, und machte sich eilends auf den Heimweg. Völlig erschöpft kam er zu Hause an. Er war mürrisch und gereizt und wechselte mit seiner Gretel nur ein paar grobe Worte. Ihr war recht ungut zu Mute, sie hatte eine große, unbestimmte Angst und weinte still vor sich hin. Was war in diesen wenigen Stunden aus ihrem Peter geworden? Aschfahl im Gesicht, graue Haare hatte er über Nacht bekommen und ganz zitterig war er geworden.

Er legte sich hin und schlief ein paar Stunden. Aber es blieb ihm nicht viel Zeit, der Weg zur Kronhalde war weit.

Obwohl er noch nie dort gewesen war fand er den Weg ohne Probleme. Ebenso die angesagten drei Eichen und das Steinkreuz. Es war aber auch höchste Zeit, gleich war es neun Uhr, und kaum hatte er sich versteckt, hörte er schon in der Ferne mit lautem Getöse und Geschimpfe ein Fuhrwerk herankommen. Der Fuhrmann schien ein ganz widerlicher Mensch zu sein. Er fluchte ununterbrochen und schlug andauernd mit einem Stecken auf seine Tiere ein.

Und nun lief alles genau so ab, wie es ihm der Eulenbauer voraus gesagt hatte:

Er folgte dem Fuhrwerk in genügendem Abstand und als es an der angesagten Stelle am Bach anhielt trat Peter entschlossen vor, die Fischköpfe schüttelnd und die Knoblauchzehen auf den Mann zeigend trat er zu ihm, im

Vorbeigehen stecke er dem Pferd und dem Ochsen eine Knoblauchzehe ins Maul.

Der Mann war völlig überrascht. Alles war wie gebannt und erstarrt. Es war auf einmal ganz still geworden. Selbst der Bach hörte auf zu murmeln, und der Wind war stehengeblieben, und Peter fühlte, dass er nun Herr der Situation war und alles in seiner Gewalt hatte. Er blickte den Mann scharf an und sagte nur: „Du weißt Bescheid. Spute dich! Meine Mühle!"

Im Nu drehte der sein Fuhrwerk um und mit Riesenkräften zog er die Mühlsteine mit allem Zubehör aus dem Versteck und lud es auf den Wagen. Peter musste nur aufpassen, dass er ihn nicht aus den Augen verlor. Er spürte, dass der Mann nur auf eine Gelegenheit wartete, ihm zu entwischen.

Als der Wagen beladen war, befahl Peter: „Jetzt aber auf dem kürzesten und allerschnellsten Weg zu meiner Mühle!"

Das ging alles blitzschnell vor sich, und an der Mühle angekommen begann der Mann sofort mit dem Abladen und dem Aufbauen des Mahlwerks. Peter achtete genau darauf, dass alles an seine richtige Stelle kam, ließ aber dabei den eigenartigen Mann weiterhin nicht aus den Augen und schüttelte seine Fischköpfe in der Tasche immer wieder fest durcheinander.

Als alles fertig war, sprang Peter auf ihn zu, stieß ihn zu Boden und sprach den Losspruch des gebannten Diebes, wie es ihm vom unheimlichen Eulenbauer geheißen war: „Gehe hin, wo du bist hergekommen, und hüte dich, dass du deine Hand weder an mein oder fremdes Gut legest. Gehe hin in drei Teufels Namen!"

Er wies mit dem Daumen den Weg und sagte grob: „Verschwinde!".

Und siehe: Gleich war auch schon der ganze Spuk vorbei, und die Mühle drehte sich wieder.

Hatte er das alles geträumt?

Aber leider bekam er sehr wohl zu spüren, dass es kein Traum gewesen war. Als sich sein Mühlrad wieder drehte, seine Mühle wieder klapperte und es sich herumsprach, dass Peters Mühle wieder Korn mahlen konnte, kamen die Bauern nur sehr zaghaft zu ihm zurück und brachten nur einen kleinen Teil ihres Bedarfs zu Mühlenpeter.

Wenn er auch noch so gutes Mehl müllerte und noch so günstige Preise machte, die Bauern waren misstrauisch und kamen nicht so wie vorher.

Da meinte eines Tages seine kluge Gretel: „Muss nicht jeder Bauer jedes Jahr und immer wieder neu seine Samenkörner ausstreuen wenn er im Herbst ernten will? Kann es denn nach alledem, was uns geschehen ist, einfach so weitergehen, wie wenn nichts gewesen wäre? Wollen wir nicht ernten ohne gesät zu haben? Das ist ein richtiger Neuanfang. Wir müssen, denke ich, ein richtiges Opfer bringen.

Wir haben doch unter dem Biet das kleine Leinensäckchen mit etlichen goldenen Dukaten versteckt, die wir für den aller äußersten Notfall auf die Seite gelegt haben. Was meinst du, wenn wir ab und zu einem unserer Bauern einen solchen Dukaten in seinen Mehlsack ins Mehl legen, was da passiert?"

Da waren aber Dukaten von Peters Vater und Großvater dabei, diese waren Peter heilig, die wollte nicht hergeben.

Aber schließlich brachte er es doch übers Herz, und ließ einem großen, sehr geizigen Bauern, der nur noch selten Korn zum Mahlen brachte, einen Dukaten ins Mehl fallen. So machte er es noch etliche Male, bei anderen Bauern auch.

Einige Zeit verging, da stand doch der geizige Bauer schon wieder mit einigen Säcken vor der Tür und wollte sein Korn gemahlen haben. Auch die Andern kamen nun in kürzeren Abständen wieder, mit ihren prall gefüllten Kornsäcken. Gretel hatte lauter solche Leute ausgesucht, die dafür bekannt waren, dass sie Neuigkeiten sehr schwer für sich behalten konnten. So sprach es sich schnell herum, dass in Peters Mehlsäcken manchmal das Glück zu finden war, und darauf wollte keiner verzichten.

Peter legte nur noch sehr selten einen Dukaten ins Mehl, aber seine Mühle lief bald wieder Tag und Nacht. Bald hatte er wieder sein früheres Ansehen, und konnte sogar wieder einen ordentlichen Mahllohn für seine Arbeit verlangen. So wurde er mit der Zeit wieder ein sehr wohlhabender Müller.

⁐⁑

Als ich an einem Spätnachmittag im Herbst zur Mühle hinunterstieg, um nach meinem Mehl zu fragen, stand die Mühle still. Das hatte es schon lange nicht mehr gegeben. Vor der Mühlentür stand ein knorriger Wanderstock.

Ich ging hinein und hörte, dass im Mahlstübchen gesprochen wurde. Ich stand hinter der angelehnten Tür, und konnte das ganze Gespräch mit anhören. Ich hatte zwar ein bisschen ein schlechtes Gewissen, aber was ich da zu hören bekam, zog mich völlig in seinen Bann:

Der Onkel von Peter, der in einer fernen Stadt als Bischof amtete, war bei einer Wanderung hier angekommen. Ihm erzählte Peter gerade die ganze merkwürdige Geschichte.

Als er geendet hatte, habe ich mich ganz leise davon geschlichen. Jedoch, Peter musste etwas von meiner Anwesenheit bemerkt haben: Mein bisher so herzliches Verhältnis zu Peter hatte einen Knacks bekommen.

Bisher habe ich die Geschichte für mich behalten. Nun ist es schon viele Jahre her, dass Mühlenpeter gestorben ist – seine Gretel ist sogar schon viel länger tot, und nun habe ich mich entschlossen, euch diese geheimnisvolle Geschichte der „Geistermühle" – diesen Namen wurde sie nicht mehr los – zu erzählen.

Peter war der letzte Bewohner der Mühle. Seither hat sich niemand mehr gefunden, der hier wieder einziehen wollte. Der Mühlkanal und der Teich verlanden, das Mühlengebäude fängt an, zu verfallen, und der Name „Geistermühle" bekommt immer mehr seine Berechtigung.

Anhang

Der Autor

Eberhard Bohn wurde 1935 als Sohn eines Mühlenbauers in Kirchenkirnberg im Schwäbischen Wald, im damaligen Oberamt Welzheim, geboren.

Mit dem Vater war er bereits als Kind oft in Mühlen unterwegs, in einer Zeit, in der es noch kein Fernsehen und nur wenige Radioempfänger gab, dafür aber viele Geschichten am Mittagstisch und beim Abendessen, erzählt von den oft kauzigen, alten Müllern. Schon immer von diesen Erzählungen fasziniert, begann er bald, sie aufzuschreiben und zu sammeln.

Nach Schul-, Lehr- und Wanderjahren übernahm er den väterlichen Mühlen- und Silobaubetrieb.

Später wurde Eberhard Bohn Mitglied verschiedener Müller-Organisationen. Dort hielt er viele Vorträge und trat durch zahlreiche Veröffentlichungen in den Verbandszeitungen hervor. Diese wurden des Öfteren auch von holländischen Mühlenzeitungen übernommen.

Daneben leitete er unzählige Mühlenführungen am Mühlenwanderweg im Schwäbischen Wald, unter anderem auch mit Gruppen aus Österreich, Frankreich, Ungarn, Russland und Malaysia.

Aus all diesen Erfahrungen und Erzählungen entstand dieses Buch.

Illustrationen

Alle Illustrationen in diesem Buch wurden von Niklas Bohn angefertigt. Niklas Bohn, geboren im Jahr 1999, ist ein Enkel von Eberhard Bohn. Er ist Schüler und lebt in Petershagen in Brandenburg.

Heinlesmühle des Elias Bareiß
nach einer Lithogrphie von K. W. Tittmann, 1963

Vom selben Autor:

Bohn, Eberhard. *Almunde – Ein Leben in zwei Welten.* Roman. BoD, 2016.

Bohn, Eberhard u.a. *Mühlen im Schwäbischen Wald.* Landratsamt Rems-Murr-Kreis, 2009

Bohn, Eberhard und Fritz, Gerhard. *Kirchenkirnberg – Ein Pfarrdorf an der Grenze.* Henneke, 2005.

Bienert, Hans-Dieter; Bohn, Eberhard; Fritz, Gerhard. *Von Erdluitle und dem wilden Heer.* Hennecke, 1996.